鸡新城疫
病理学诊断

刘志军　刘海强　闫彦章　著

龙　塔　审校

化学工业出版社

·北京·

图书在版编目（CIP）数据

鸡新城疫病理学诊断/刘志军，刘海强，闫彦章著．—北京：化学工业出版社，2023.11

ISBN 978-7-122-44151-5

Ⅰ.①鸡…　Ⅱ.①刘…②刘…③闫…　Ⅲ.①鸡病-新城疫病毒-病理学-诊断学　Ⅳ.①S858.31

中国国家版本馆CIP数据核字（2023）第173947号

责任编辑：邵桂林　　装帧设计：韩　飞
责任校对：宋　夏

出版发行：化学工业出版社（北京市东城区青年湖南街13号　邮政编码100011）
印　　装：三河市延风印装有限公司
787mm×1092mm　1/16　印张10½　字数210千字　2023年11月北京第1版第1次印刷

购书咨询：010-64518888　　售后服务：010-64518899
网　　址：http://www.cip.com.cn
凡购买本书，如有缺损质量问题，本社销售中心负责调换。

定　　价：59.00元

前言

PREFACE

鸡新城疫（Newcastle disease，ND）是给养鸡业带来重大经济损失的疾病之一，为高度接触性、急性禽传染病。中国是养鸡大国，但是养鸡业大而不强。为了实现从养鸡大国向养鸡强国迈进，保障养鸡业的健康与可持续发展，必须加强对鸡病的深入研究。近几十年来，兽医工作者对鸡新城疫进行了较多的研究，在此基础上制定出更加科学有效的防控措施。病理组织解剖学是疾病研究的基础，然而有关鸡新城疫病理解剖与组织学诊断的专著还相当匮乏。鉴于此，我们组织编写了本书。

本书分为上、下两篇，分别为鸡新城疫病理解剖学诊断和组织学诊断。内容包括新城疫病鸡外貌、运动系统、消化系统、呼吸系统、泌尿系统、生殖系统、循环系统、免疫系统、神经系统共18章。书中共收集了近400幅图片，全面展示了鸡新城疫的病理形态学结构。全书文字精练、通俗易懂，密切结合临床实践，具有服务生产、教学、科研等多种用途，为在校师生和临床兽医工作者提供一定的理论与实践指导，帮助他们综合学习并进一步深化对鸡新城疫的理解。本书对正确诊断与研究鸡新城疫的发生原因、发展、疾病转归规律、临床预防与治疗具有重要的理论意义和实践价值。

全书总计约21万字，其中，刘志军编写15万字，刘海强编写3万字，闫彦章编写3万字。河南科技大学冯杰在鸡新城疫病原鉴定及病理组织切片制作等方面做了大量工作，在此表示衷心的感谢！

病理形态学图谱编撰是在本学科前人工作基础上的较为艰巨的系统性工作，尽管作者付出了极大的努力，但鉴于水平及时间有限，疏漏之处在所难免，诚挚欢迎同行专家学者和广大读者批评指正。

刘志军

2023年4月于洛阳

CONTENTS 目录

上篇　鸡新城疫病理解剖学诊断

第一章　外貌特征病理诊断

第二章　运动系统病理剖检诊断

第三章　消化系统病理剖检诊断

第四章　呼吸系统病理剖检诊断

第五章　泌尿系统病理剖检诊断

第六章　生殖系统病理剖检诊断

第七章　循环系统病理剖检诊断

第八章　免疫系统病理剖检诊断

第九章　神经系统病理剖检诊断

下篇　鸡新城疫病理组织学诊断

第十章　被皮系统病理组织学诊断

第十一章　运动系统病理组织学诊断

第十二章　消化系统病理组织学诊断

第十三章　呼吸系统病理组织学诊断

第十四章　泌尿系统病理组织学诊断

第十五章　生殖系统病理组织学诊断

第十六章　循环系统病理组织学诊断

第十七章　免疫系统病理组织学诊断

第十八章　神经系统病理组织学诊断

上篇

鸡新城疫病理解剖学诊断

第一章　外貌特征病理诊断

鸡全身分头、颈、躯、尾、翼和后肢6部分。全身皮肤大部分区域有羽毛，称为羽区；有些部位无羽毛，称为裸区。裸区对飞翔和散热有利。皮肤在一定部位形成皮肤褶，在翼部有翼膜，肩部与腕部之间的为前翼膜，腕部后方的为后翼膜，利于飞翔。皮肤的衍生物包括羽毛、喙、距突及蹼等；无汗腺和皮脂腺，在尾部背侧有尾脂腺。

鸡新城疫（Newcastle disease，ND）是由新城疫病毒（Newcastle disease virus，NDV）感染导致。病鸡精神沉郁，消瘦，喜俯卧，颈部松弛，头部垂地，翅膀下垂，脚爪拢缩（图1-1 ～图1-5）。

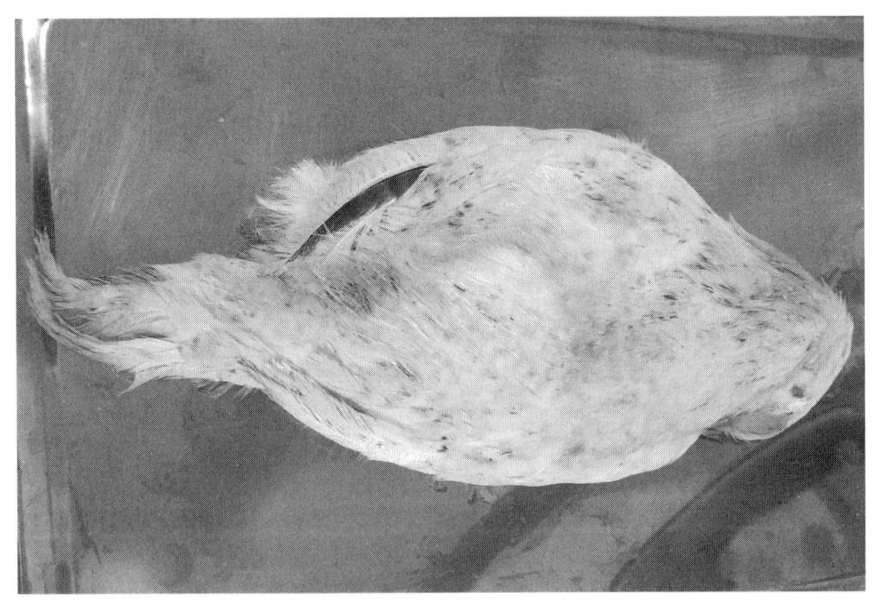

扫码看彩图

图1-1　NDV感染鸡外观病变1

图1-2　NDV感染鸡外观病变2

扫码看彩图

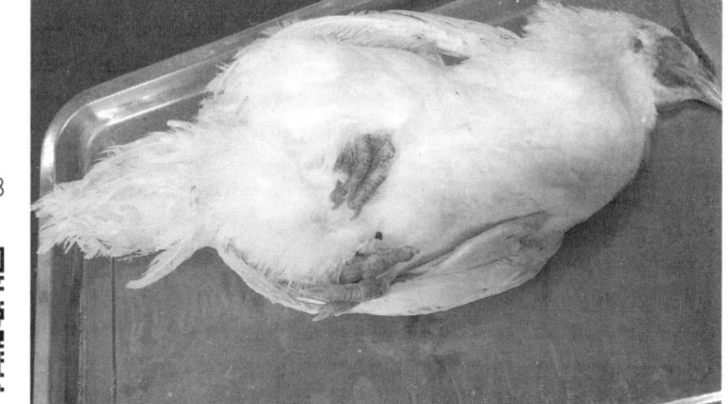

图1-3　NDV感染鸡外观病变3

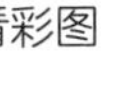

扫码看彩图

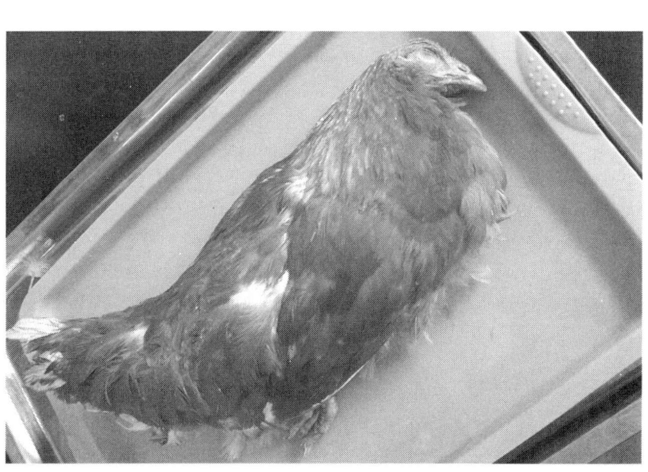

图1-4　NDV感染鸡外观病变4

扫码看彩图

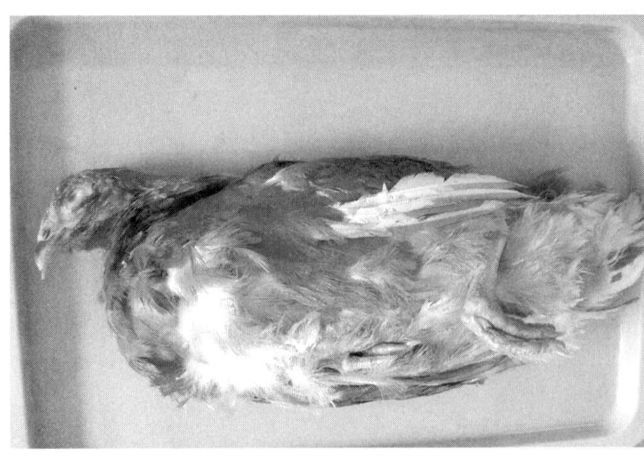

图1-5　NDV感染鸡外观病变5

扫码看彩图

一、头部

口腔前端、由皮肤衍生形成的短粗坚硬的角质状喙，为啄食器官，浅黄色。病鸡头部羽毛正常，眼睛紧闭，鸡冠、肉髯红色至暗红色，甚至黑色，轻微出血，鼻孔、嘴角流出红色黏液（图1-6～图1-9）。

二、皮肤

1. 皮肤特点

鸡的皮肤较薄，呈浅粉色，皮下组织疏松，羽毛活动灵活。有羽区和裸区之分，尾部有左右两叶尾脂腺。翅膀皮肤形成称为翼膜的皮肤褶，表面有称为羽囊的点状突起。

图1-6　NDV感染鸡头部外观病变

扫码看彩图

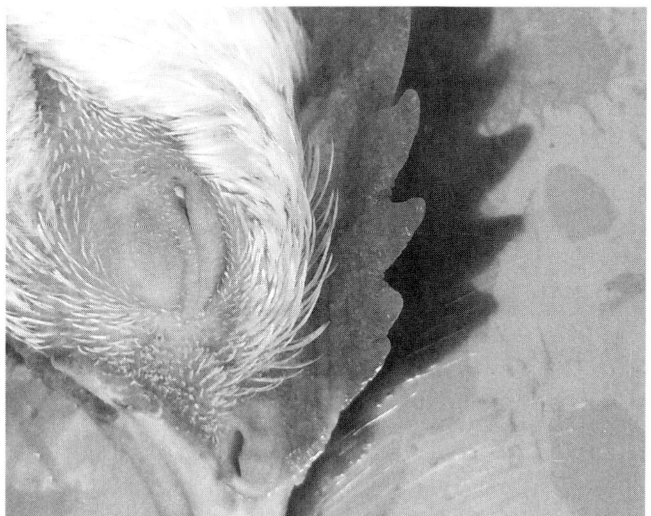

图1-7　NDV感染鸡冠髯病变1

扫码看彩图

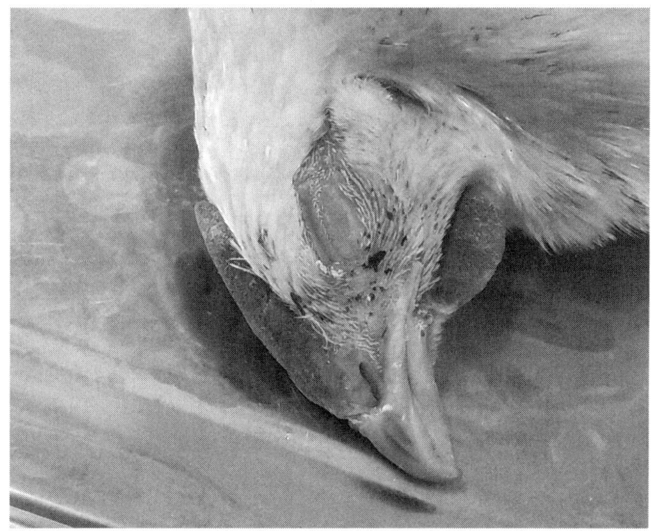

图1-8　NDV感染鸡冠髯病变2

扫码看彩图

图1-9　NDV感染鸡冠髯病变3

扫码看彩图

2. 羽毛

羽毛有一根粗的羽轴，包括羽根和羽干；羽根插入羽囊，羽干两旁分布有由羽枝构成的羽片。羽毛按结构分为三类：真羽、绒羽和发羽。病鸡因腹部皮肤松弛，真羽羽囊收缩无力，导致羽毛凌乱。

三、脚部鳞片

脚的鳞片是皮肤的衍生物，由表皮角质化而形成。病鸡脚部鳞片干燥，排列稍乱（图1-10、图1-11）。

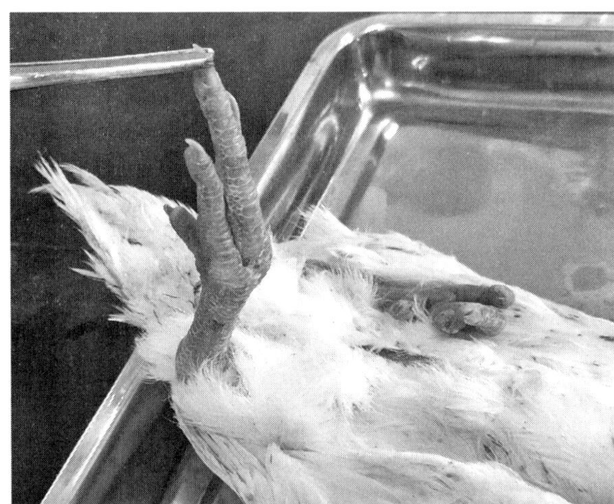

图1-10 NDV感染鸡脚部鳞片病变1

扫码看彩图

图1-11 NDV感染鸡脚部鳞片病变2

扫码看彩图

四、泄殖腔外周羽毛

NDV感染鸡泄殖腔周围羽毛潮湿，粘有黄白色、绿色粥样粪便（图1-12～图1-14）。

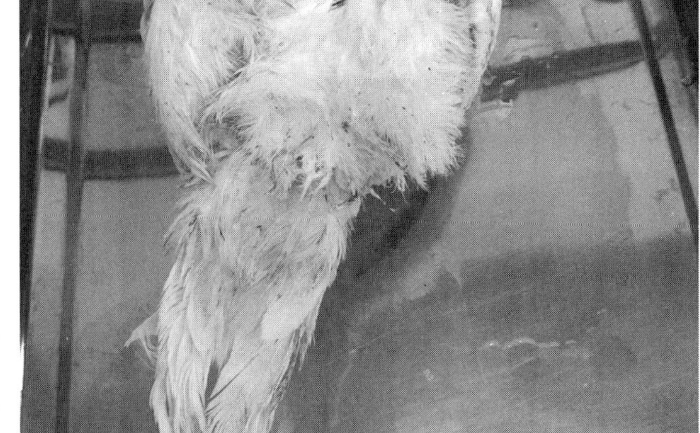

图1-12　NDV感染鸡泄殖腔周围羽毛病变1

扫码看彩图

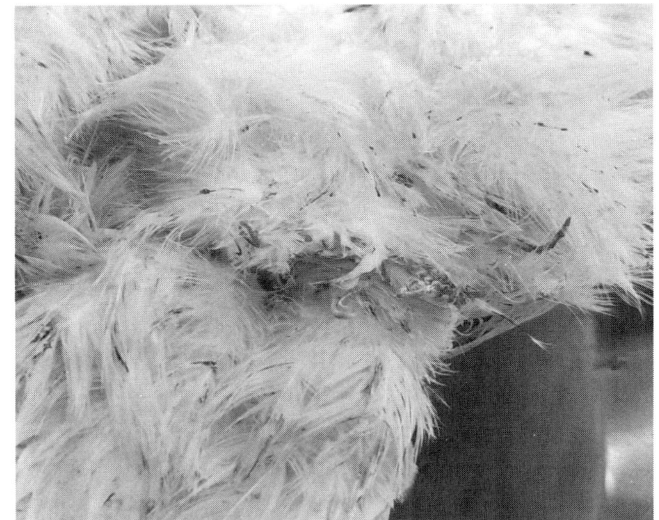

图1-13　NDV感染鸡泄殖腔周围羽毛病变2

扫码看彩图

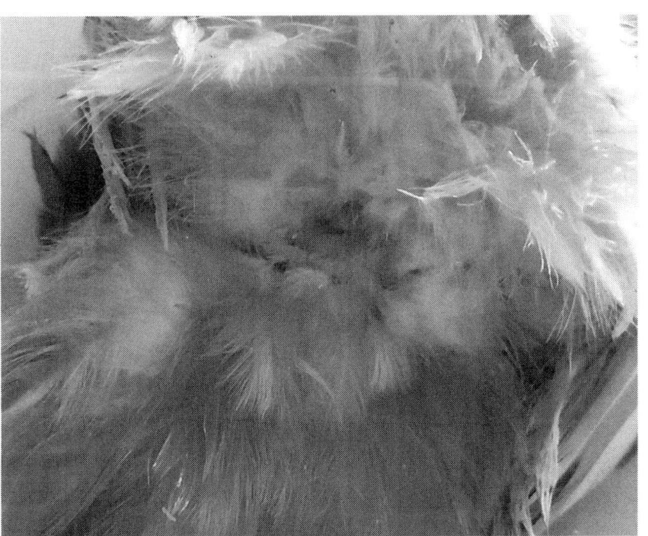

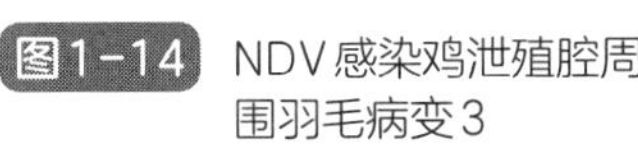

图1-14　NDV感染鸡泄殖腔周围羽毛病变3

扫码看彩图

第二章　运动系统病理剖检诊断

机体运动系统由肌肉、骨骼和神经组成。其中，神经发出指令，肌肉产生动力，骨骼发挥杠杆作用。本章主要介绍肌肉病理变化。

鸡的全身肌肉按分布部位分为皮肌、头部肌、颈部肌、躯干肌、肩带肌、翼肌、盆带肌和腿部肌。

一、头部肌

患病轻微的鸡只肌肉病变不明显，患病严重的鸡只头部肌肉血管充血。

二、躯干肌

患病轻微的鸡只肌肉病变不明显，患病严重的鸡只胸部肌肉外表色泽苍白色或煮肉样，体积肿大；切面血管淤血，肌肉松弛，失去弹性，呈颗粒样变性。大腿肌、腓肠肌均呈颗粒样变性（图2-1 ～图2-10）。

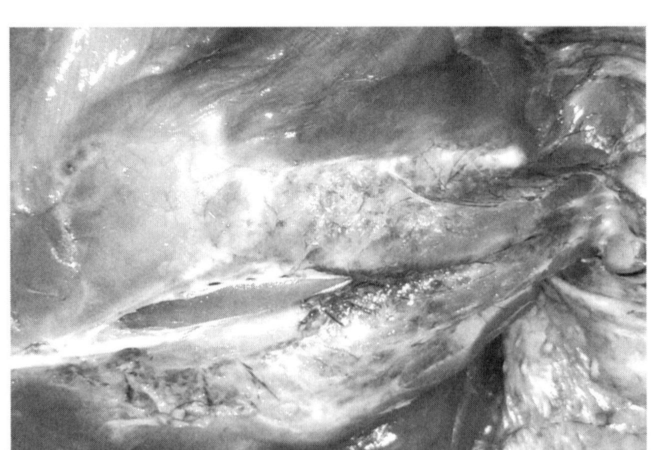

图2-1　NDV感染鸡躯干肌背侧外观

扫码看彩图

图2-2 NDV感染鸡胸肌病变外观

扫码看彩图

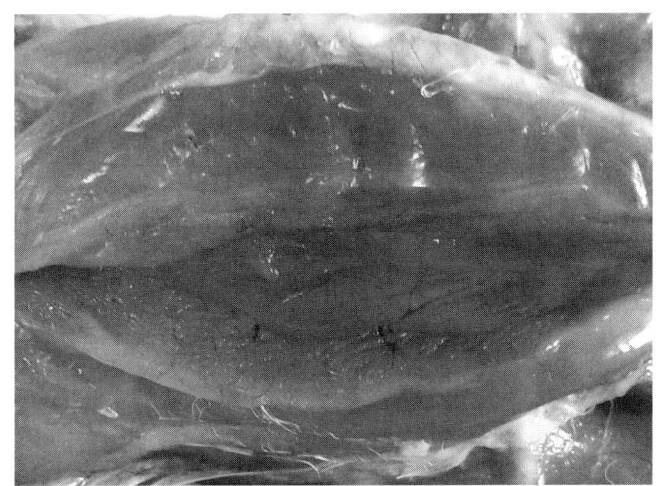

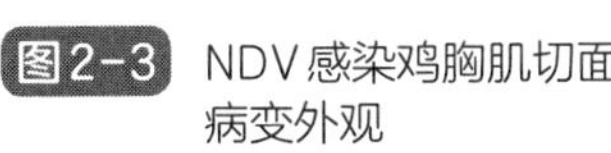

图2-3 NDV感染鸡胸肌切面病变外观

扫码看彩图

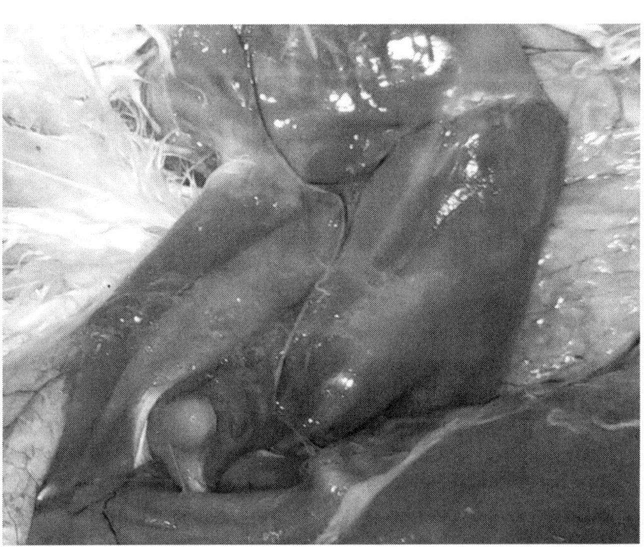

图2-4 NDV感染鸡后肢肌肉外侧观病变1

扫码看彩图

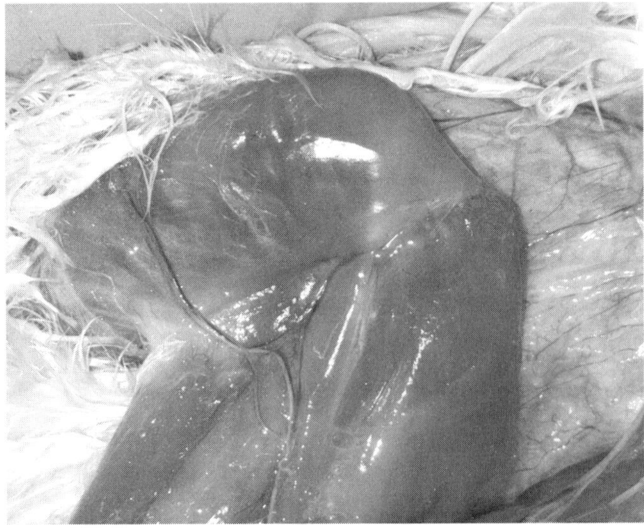

图2-5 NDV感染鸡后肢肌肉外侧观病变2

扫码看彩图

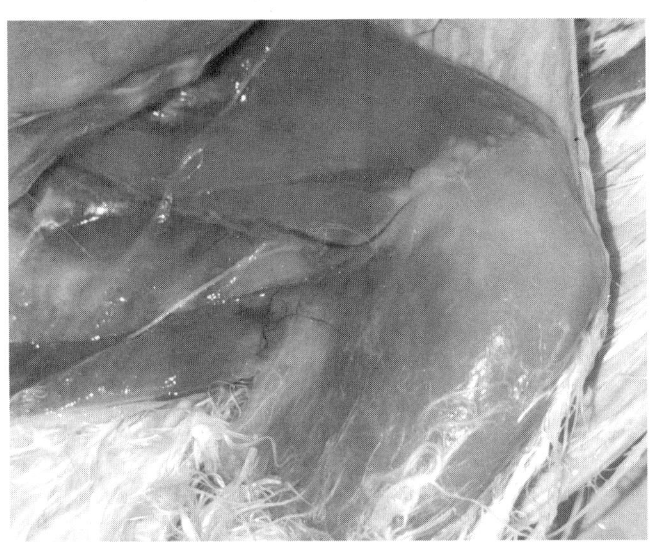

图2-6 NDV感染鸡左后肢肌肉内侧病变外观

扫码看彩图

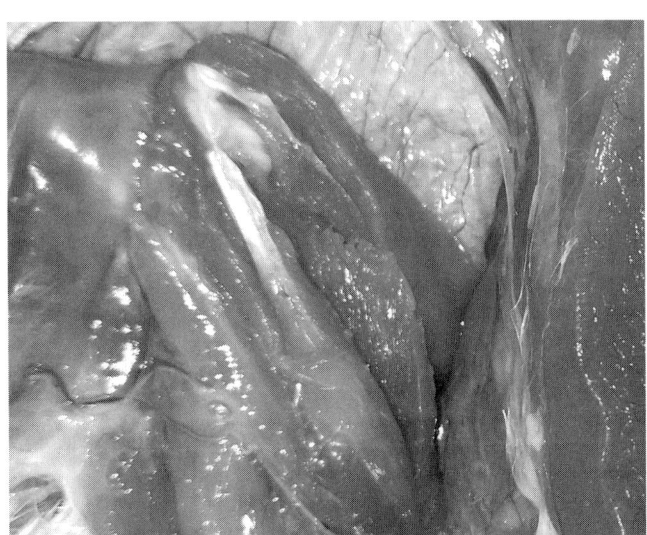

图2-7 NDV感染鸡左后肢股内侧屈肌病变外观

扫码看彩图

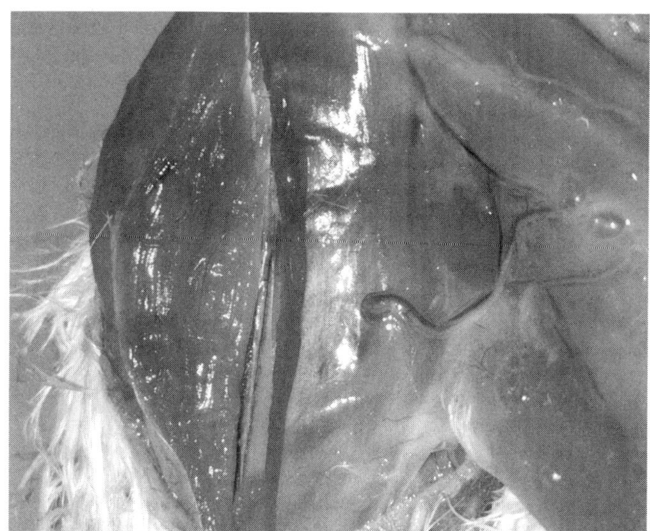

图2-8　NDV感染鸡左后肢腓骨长肌病变外观

扫码看彩图

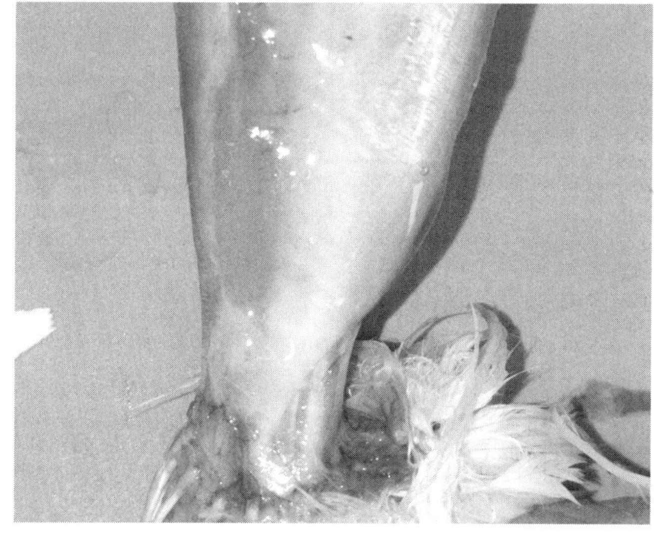

图2-9　NDV感染鸡左后肢腓肠肌病变外观1

扫码看彩图

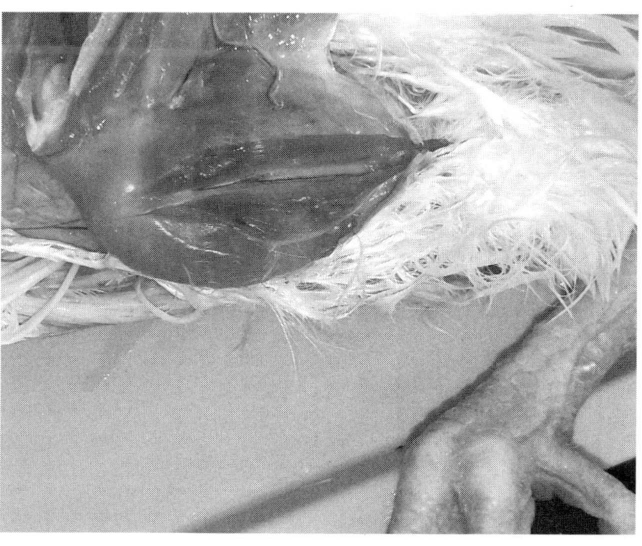

图2-10　NDV感染鸡左后肢腓肠肌病变外观2

扫码看彩图

第三章　消化系统病理剖检诊断

鸡消化系统由消化器官和消化腺组成。消化器官包括喙、口腔、咽、食管、嗉囊、腺胃、肌胃、小肠（十二指肠、空肠和回肠）、大肠（盲肠、结肠和直肠）和泄殖腔。有独立结构的消化腺为壁外腺，包括肝脏和胰腺。位于消化管内的消化腺为壁内腺，无独立结构，包括胃腺、肠腺和黏膜下腺等。NDV感染鸡消化器官见图3-1。

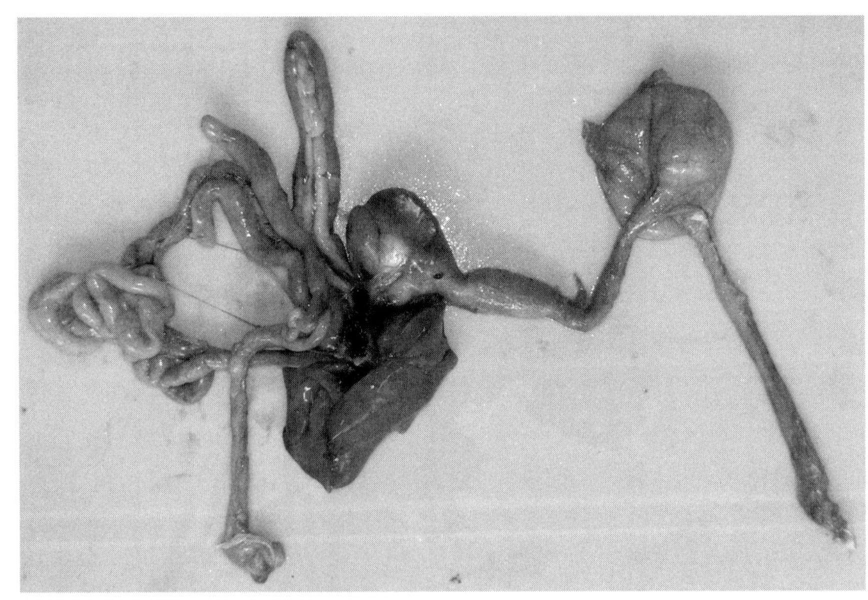

扫码看彩图

图3-1　NDV感染鸡消化器官

一、口腔

口腔与咽直接延续，界限不明显，合称口咽。口腔和咽的黏膜内广泛分布有直接开口于黏膜表面、不发达的唾液腺，如腭腺，上、下颌腺和口角腺。分泌的唾液湿润并润滑饲料。

NDV感染鸡舌尖、舌体呈苍白色，口腔、咽部、喉头充斥大量浆液-黏液性分泌物，为浆液-黏液性卡他性炎症病变（图3-2）。

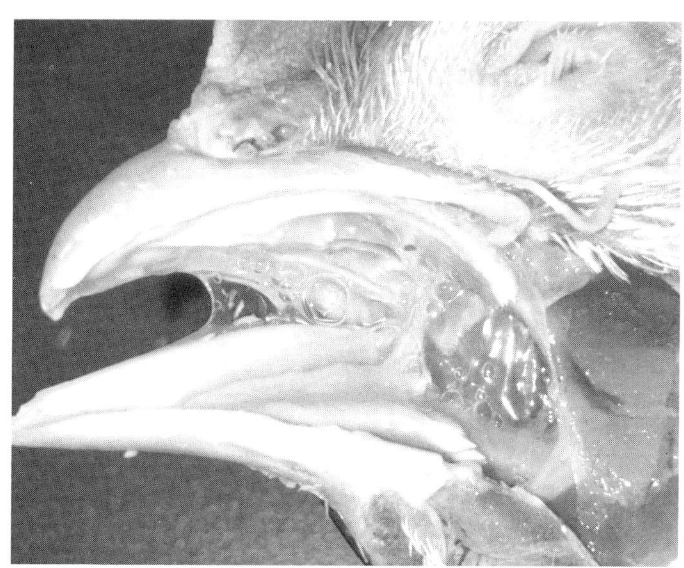

图3-2 NDV感染鸡口腔病变

扫码看彩图

二、食管和嗉囊

1.食管

鸡食管紧贴于皮下，与气管、颈动脉、颈静脉和交感、迷走神经伴行。包括颈段食管和胸段食管，二者以嗉囊为界，前者较长，后者较短。胸段食管在嗉囊之后，末端略变狭而与腺胃相接。NDV感染鸡食管黏膜肿胀、淡黄色，有少量出血斑点，黏膜表面覆盖多量黏液。

2.嗉囊

颈段食管末端在胸腔入口处膨大形成嗉囊。嗉囊之后的食管沿气管背侧向后移行进入胸腔，末端稍微缩小后与腺胃相连。NDV感染鸡嗉囊臌胀、充满大量淡黄色粥样混合物，嗉囊黏膜肿胀、苍白色，黏膜下血管轻微充血（图3-3～图3-5）。

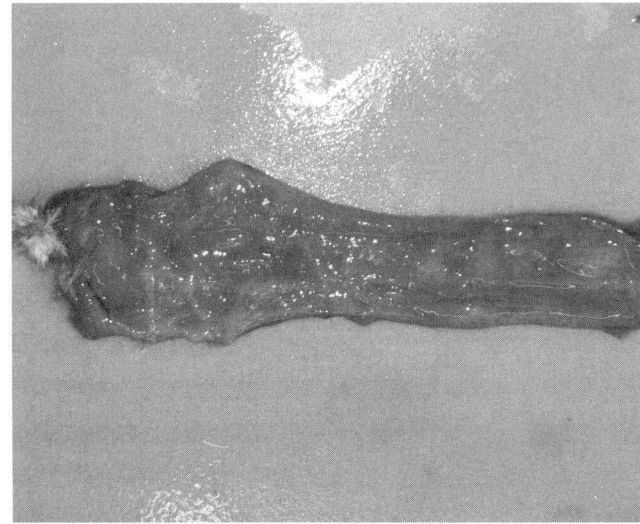

图3-3　NDV感染鸡食管

扫码看彩图

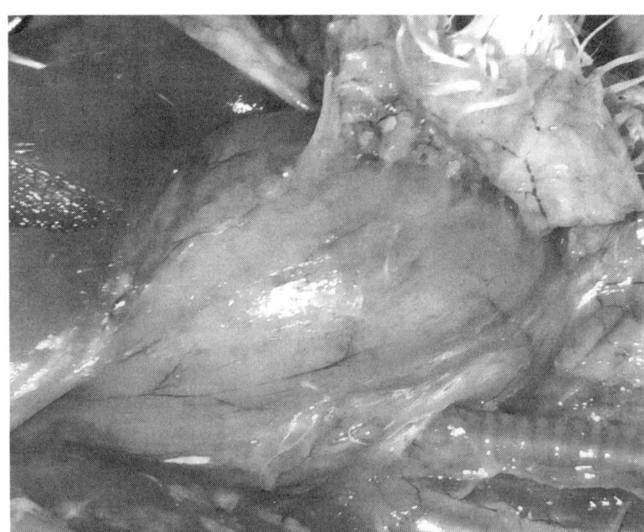

图3-4　NDV感染鸡嗉囊1

扫码看彩图

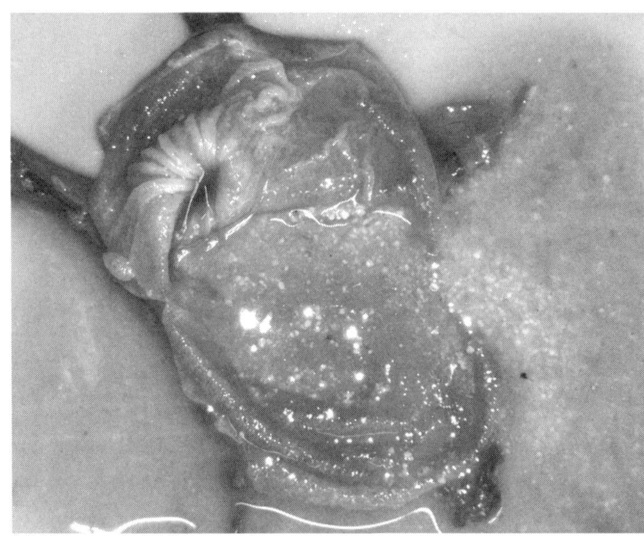

图3-5　NDV感染鸡嗉囊2

扫码看彩图

三、胃

鸡的胃包括具有分泌功能的腺胃和发挥机械消化功能的肌胃两部分。

1.腺胃

腺胃为食管末端的膨大部，位于肌胃的前端，具有分泌消化液的功能，因此，又称为腺部或前胃。NDV感染鸡腺胃肿大，浆膜下血管充血，黏膜乳头因炎性水肿而肿大，淡黄褐色黏液-纤维素性膜覆盖在腺胃黏膜乳头上。

2.肌胃

为双面凸、圆盘形、肌层发达的肌质胃，俗称肫或胗。位于腹腔左侧、肝两叶后部之间、腺胃后方，后端与小肠相连，肌层厚而坚硬，由较厚的背侧部和腹侧部与薄的前囊和后囊构成。壁层包括较厚的背、腹两块肌和较薄的前、后两块肌，肌组织呈暗红色，由平滑肌构成，富含肌红蛋白。肌胃两侧中心形成腱镜，又称腱面。在囊处有入口和出口（幽门部）。

黏膜表面分布有内金，厚而坚韧，为类角质膜形成的胃角质层，俗称肫皮。肌胃产生强大的收缩力，配合内金和砂囊研磨饲料。NDV感染鸡肌胃黏膜绿褐色，结构基本完整；肌胃肌肉肿胀呈暗红色，结构完整，病变不明显（图3-6～图3-9）。

扫码看彩图

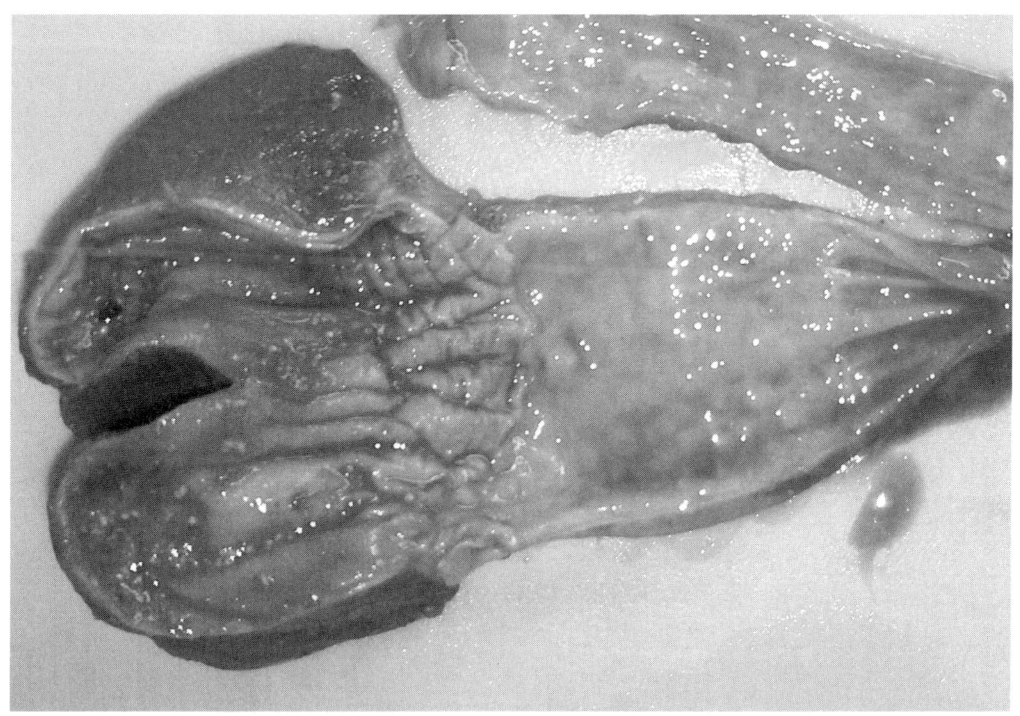

图3-6　NDV感染鸡腺胃与肌胃

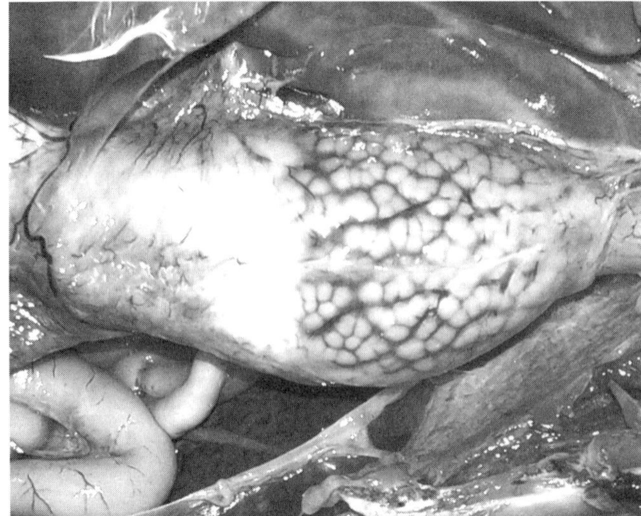

图3-7　NDV感染鸡腺胃1

扫码看彩图

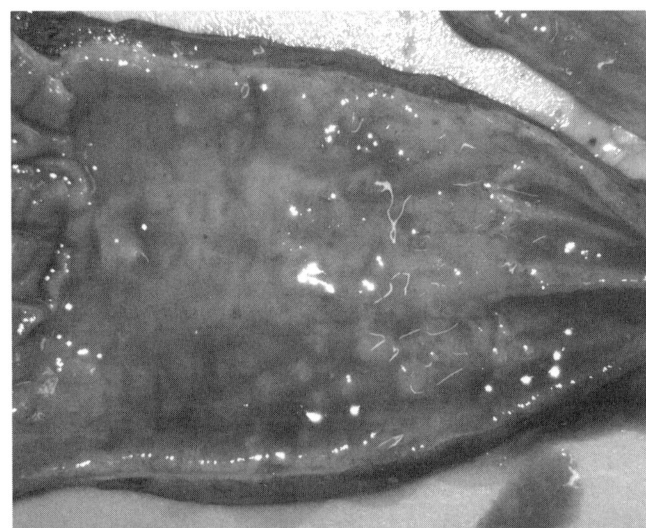

图3-8　NDV感染鸡腺胃2

扫码看彩图

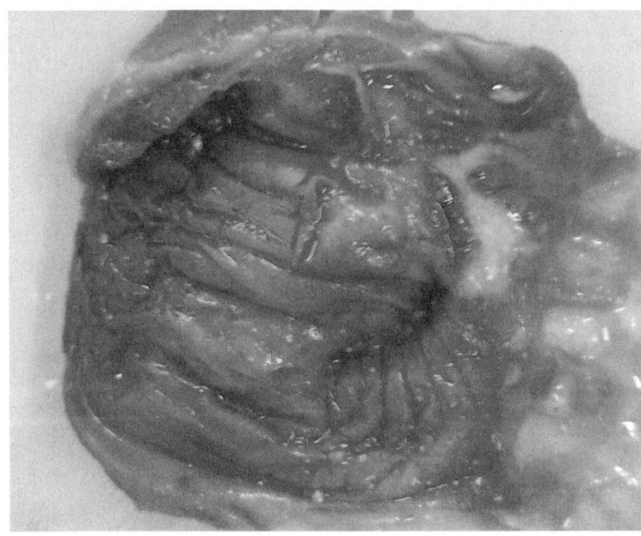

图3-9　NDV感染鸡肌胃

扫码看彩图

四、肠与泄殖腔

1. 小肠

包括十二指肠、空肠和回肠三段。

NDV感染鸡小肠浆膜下淤血、出血。黏膜肿胀，表面有大量的黏性渗出物，少量纤维素性渗出物，有斑状、条状伪膜，膜下出血明显。

2. 大肠

（1）盲肠　盲肠有两条，分布于回肠左右侧各一条，包括盲肠颈、盲肠体和盲肠顶3段。NDV感染鸡盲肠浆膜下血管局灶性充血、暗红色，黏膜肿胀，有局灶性小坏死灶，表面有多量黏液性渗出物。

（2）结直肠　结直肠后端通泄殖腔；通过肠系膜（mesenteria）悬挂于骨盆腔，为粪便排出的通道。NDV感染鸡结直肠黏膜肿胀、隆突，苍白色，表面覆盖大小不等、不规则褐色纤维素性假膜，呈纤维素性肠炎病变。

（3）泄殖腔　泄殖腔位于骨盆腔内结直肠后端，是消化管、输尿管和输精管末端的共同通道。呈扁椭圆形，具有排泄粪、尿，射精，产蛋的功能。NDV感染鸡泄殖腔肿大，浆膜下血管充血，黏膜肿胀、表面覆有奶白色石灰样渗出物，黏膜及黏膜下出血、坏死。

NDV感染鸡小肠和大肠病变见图3-10～图3-19。

图3-10　NDV感染鸡十二指肠1

扫码看彩图

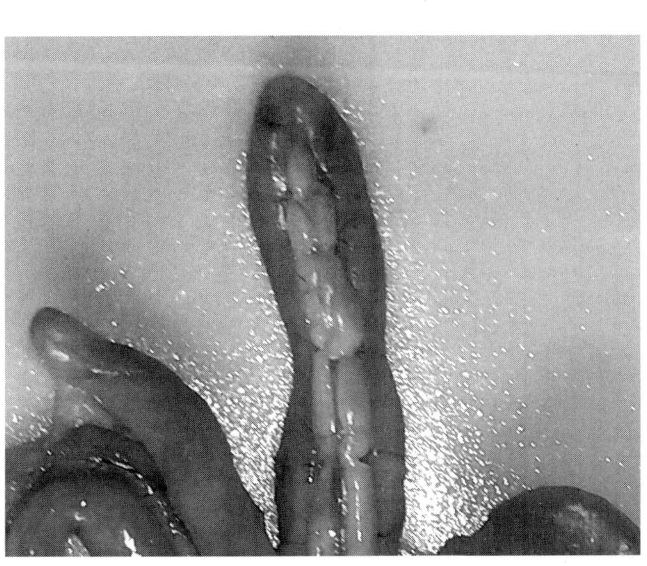

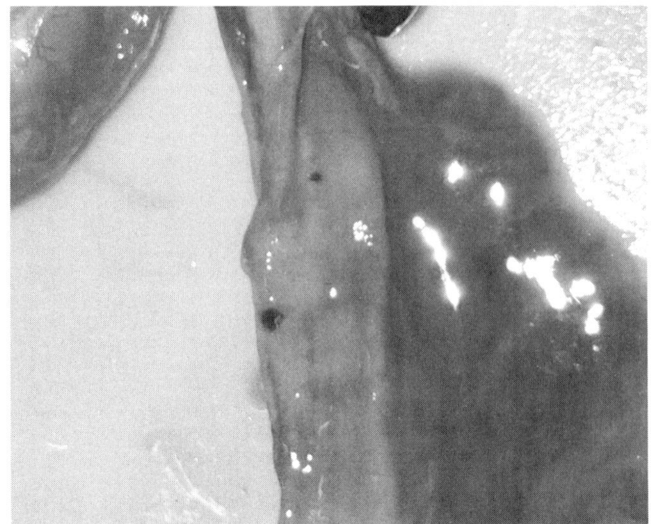

图3-11 NDV感染鸡十二指肠2

扫码看彩图

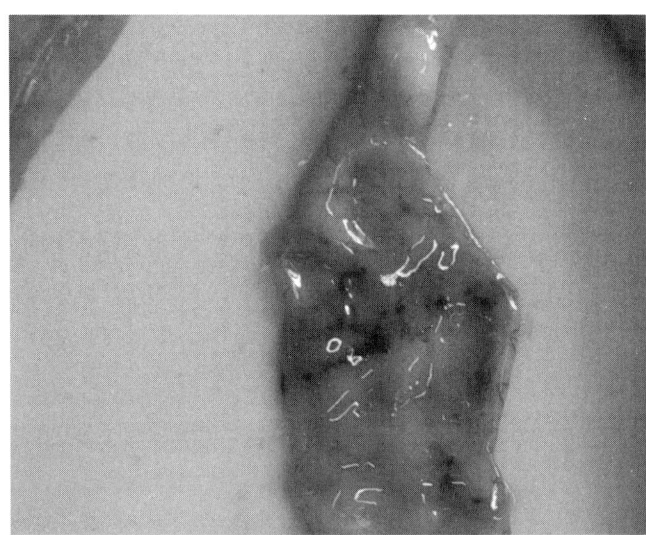

图3-12 NDV感染鸡十二指肠3

扫码看彩图

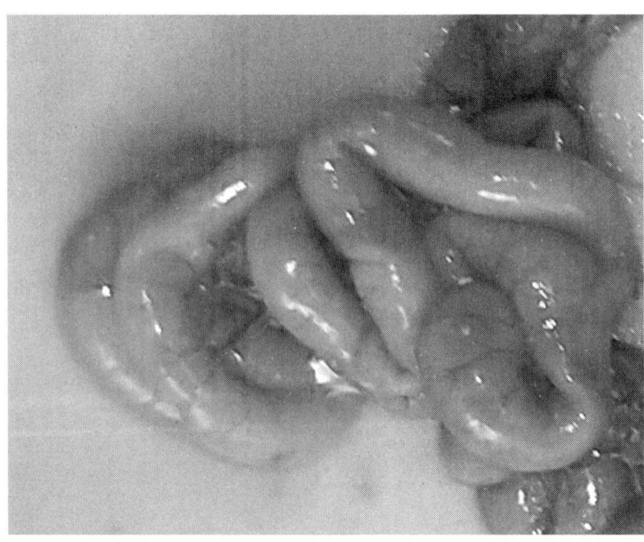

图3-13 NDV感染鸡回肠

扫码看彩图

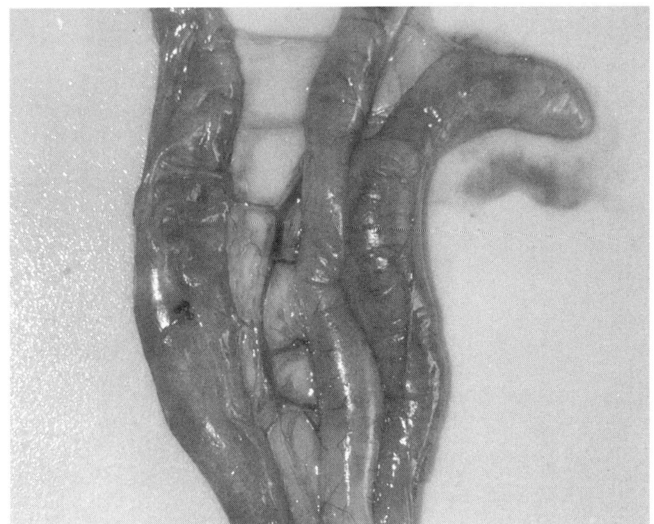

图3-14 NDV感染鸡空肠（中间）与盲肠（两侧）

扫码看彩图

图3-15 NDV感染鸡盲肠（下）1

扫码看彩图

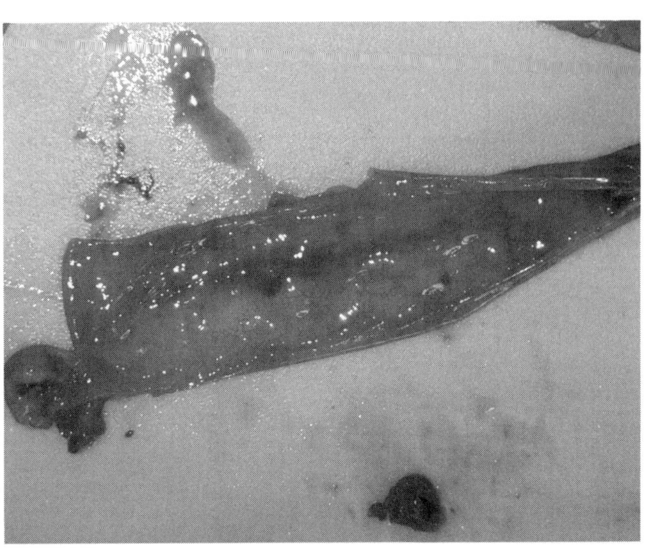

图3-16 NDV感染鸡盲肠（下）2

扫码看彩图

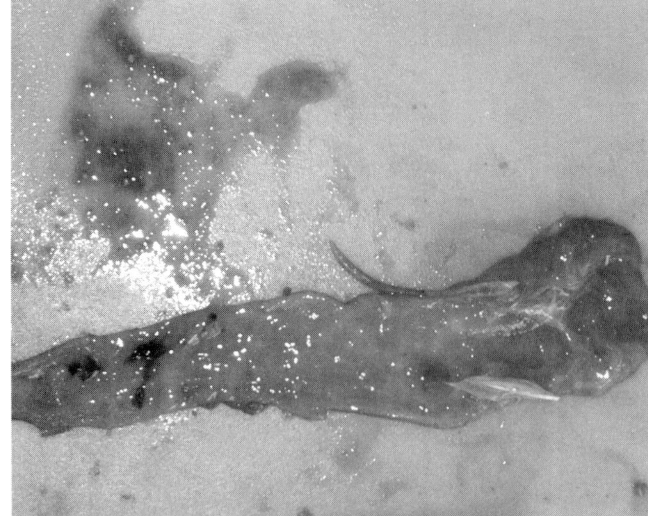

图3-17　NDV感染鸡直肠

扫码看彩图

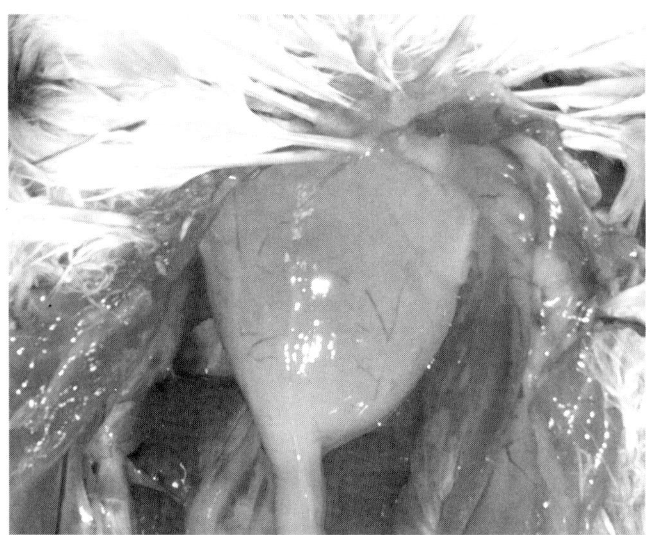

图3-18　NDV感染鸡泄殖腔1

扫码看彩图

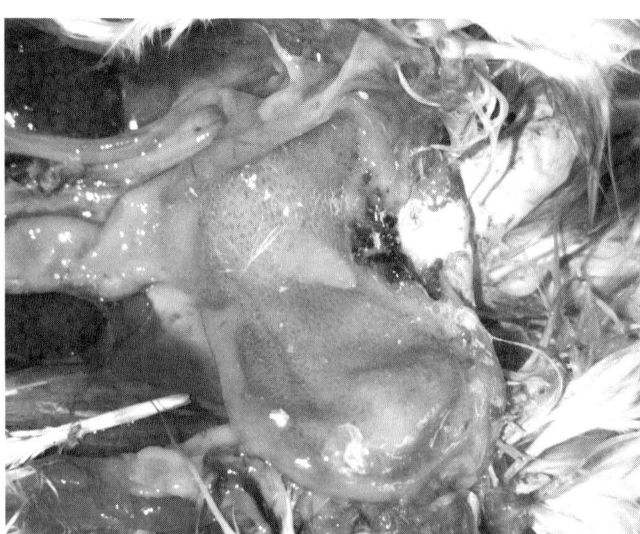

图3-19　NDV感染鸡泄殖腔2

扫码看彩图

五、肝

肝位于腹腔前下部胸骨背侧，分大小相似、以峡相连的左、右两叶，较大，红褐色。肝两叶前内侧有心和心包，后内侧有腺胃和肌胃；肝右叶内侧有一胆囊。肝两叶脏面有肝动脉、门静脉和肝管等进出的肝门，并因此形成横沟。右叶肝管运输胆汁至胆囊，胆囊发出胆囊管；左叶肝管与胆囊管一起开口于十二指肠末段。

NDV感染鸡肝脏体积肿大，色泽苍白色至淡黄色，表面有散在出血点；胆囊体积显著肿大、暗褐绿色，内有大量胆汁（图3-20～图3-24）。

图3-20 NDV感染鸡肝脏1

扫码看彩图

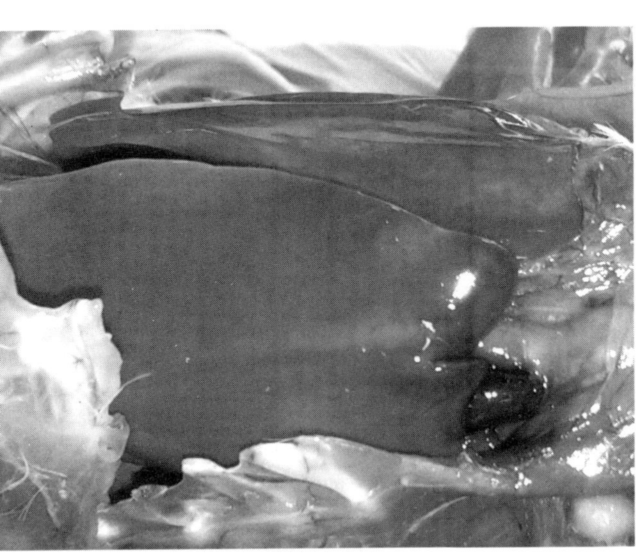

图3-21 NDV感染鸡肝脏2

扫码看彩图

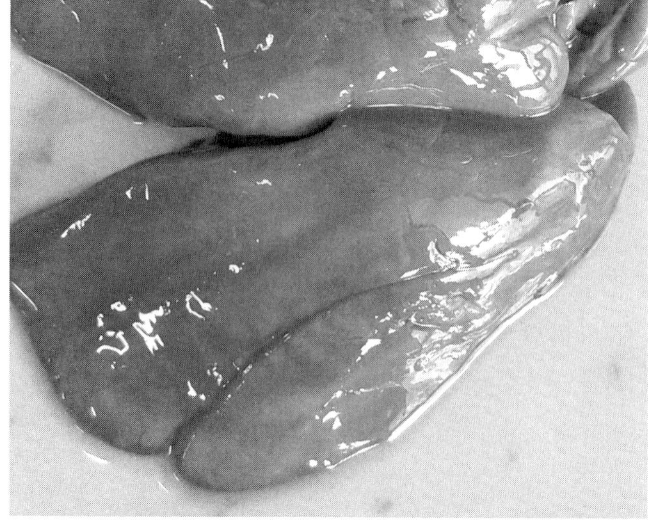

图3-22 NDV感染鸡肝脏3

扫码看彩图

图3-23 NDV感染鸡胆囊1

扫码看彩图

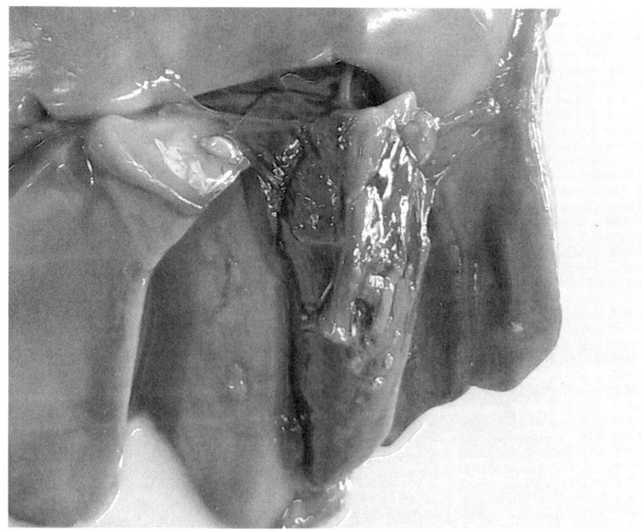

图3-24 NDV感染鸡胆囊2

扫码看彩图

六、胰腺

胰腺呈长条分叶状，淡黄色，夹于十二指肠襻内，包括背侧叶、腹侧叶和脾叶，脾叶较小。胰腺发出三条胰腺导管与胆囊管和肝管一起开口于十二指肠末端。NDV感染鸡胰腺体积显著肿大，稍微充血、出血（图3-25）。

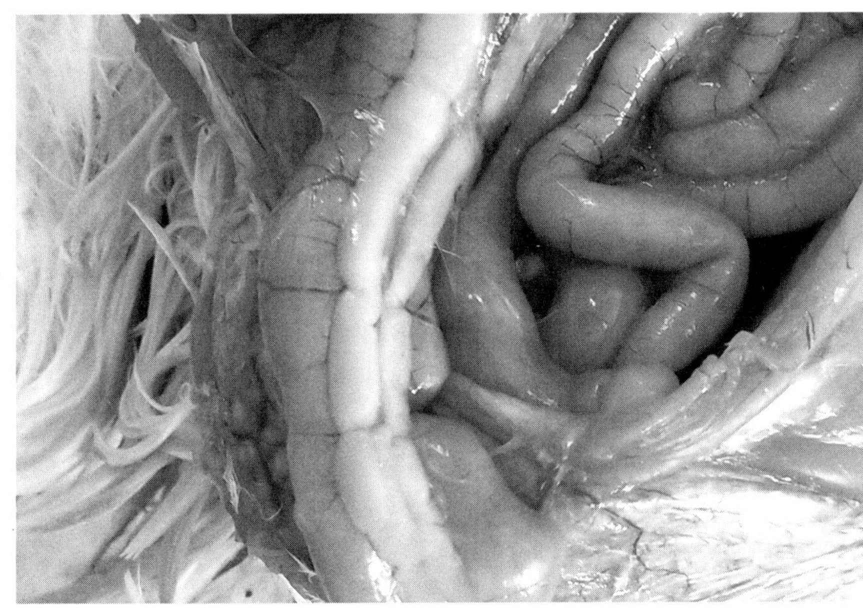

扫码看彩图

图3-25　NDV感染鸡胰腺

第四章　呼吸系统病理剖检诊断

鸡呼吸系统由导气的鼻腔、喉、气管、鸣管、肺和气囊组成。

一、鼻腔

鼻腔由前上方的颌前骨、鼻骨和后方的泪骨围成。NDV感染鸡鼻腔有多量淡红色黏液渗出。

二、喉与气管

1.喉

由咽底壁舌根后方、气管前端的黏膜褶围成，喉口有缝状裂隙。NDV感染鸡喉黏膜肿胀、隆突、充血、出血，表面覆盖大量浓稠、淡黄白色黏液性渗出物（图4-1）。

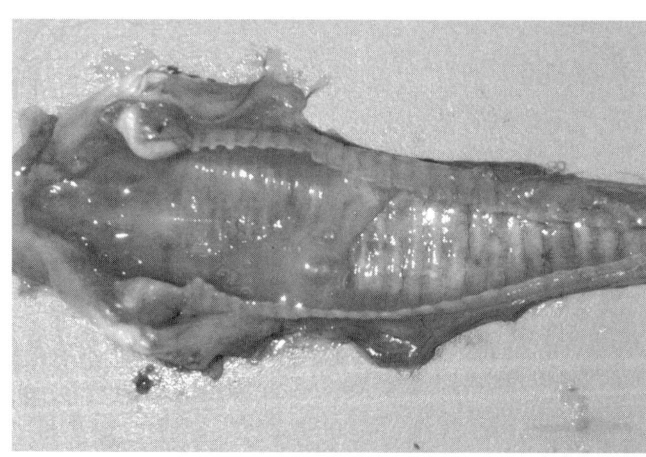

图4-1　NDV感染鸡喉头

扫码看彩图

2. 气管

气管向前通向喉，向后通向鸣管，由大量完整的软骨环组成。颈上半部气管位于颈腹侧，与食管相伴下行；颈上半部气管偏至颈右侧，胸腔段气管位于脊柱腹侧。气管两侧附着有胸骨气管肌、锁骨气管肌及气管侧肌等气管肌。NDV感染鸡气管前端黏膜显著充血、肿胀，表面覆盖淡黄白色黏稠脓性渗出物，中端黏膜轻微充血（图4-2）。

3. 支气管

由左、右2个由“C”字形软骨形成的支气管，分别经肺门进入左、右肺。NDV感染鸡支气管充血（图4-3、图4-4）。

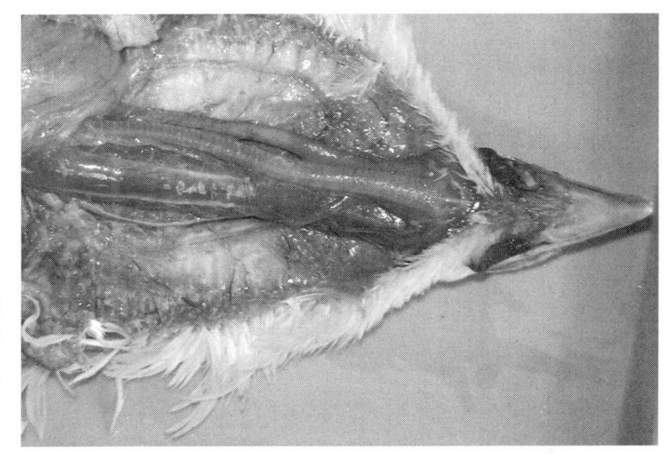

图4-2 NDV感染鸡气管

扫码看彩图

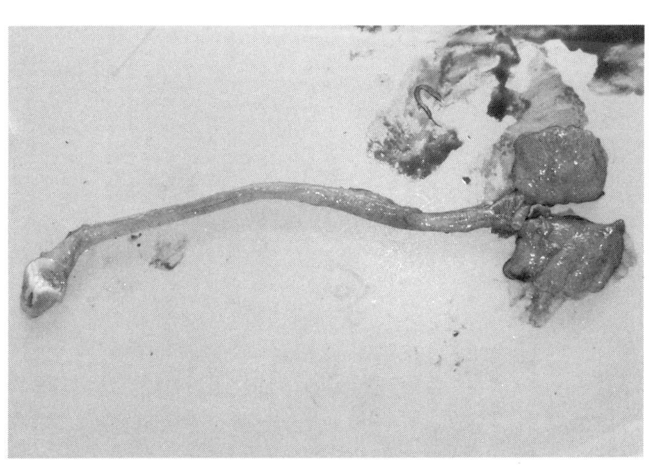

图4-3 NDV感染鸡气管与支气管

扫码看彩图

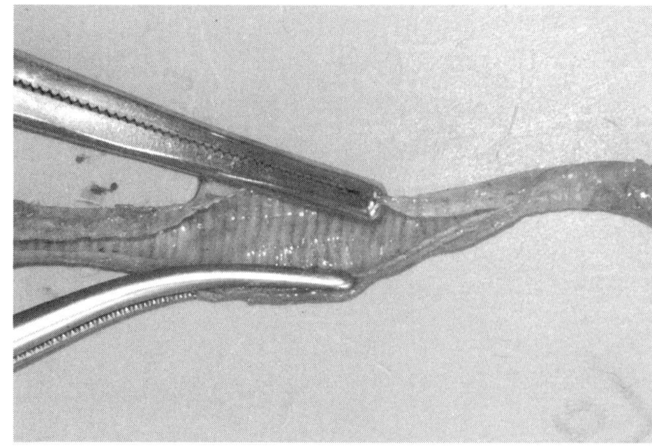

图4-4 NDV感染鸡气管黏膜

扫码看彩图

三、气囊

为含气的囊状结构，表面多被覆浆膜。分为前、后两部共有九个囊。NDV感染鸡气囊浆膜稍浑浊（图4-5、图4-6）。

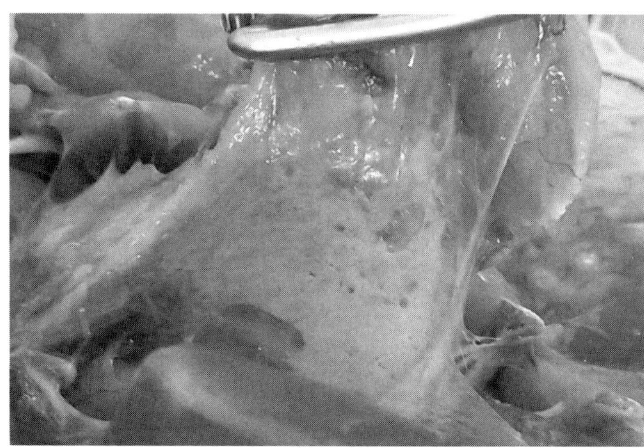

图4-5 NDV感染鸡胸腔气囊1

扫码看彩图

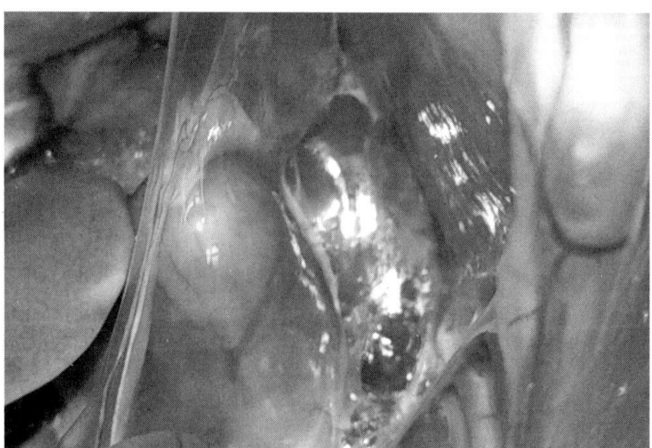

图4-6 NDV感染鸡胸腔气囊2

扫码看彩图

四、肺

鸡的肺紧贴于胸腔背壁侧面，为粉红色、略呈四边形的海绵样结构。因嵌入肋间而形成多条肋沟。NDV感染鸡肺脏鲜红色，局部出血，表面有广泛性、局灶性肺气肿隆突（图4-7、图4-8）。

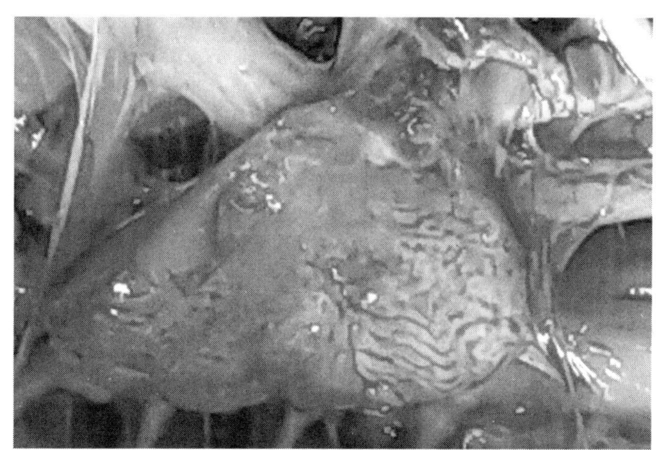

图4-7　NDV感染鸡肺脏1

扫码看彩图

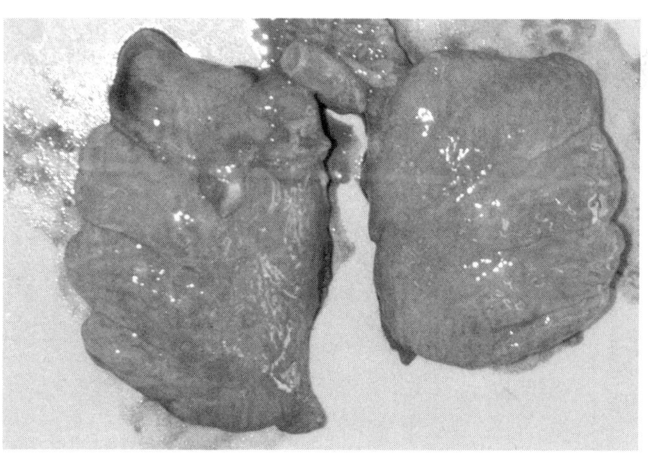

图4-8　NDV感染鸡肺脏2

扫码看彩图

第五章　泌尿系统病理剖检诊断

鸡泌尿系统主要由肾、输尿管和泄殖腔组成。

一、肾

肾嵌于腰荐骨两旁和髂骨的肾窝内，包括前肾（头肾）、中肾、后肾（尾肾）三部分，红褐色，呈长扁平状，质脆，无肾盏和肾盂。NDV感染鸡肾脏体积肿大，表面可见脑髓样病变结构，肾脏皮质显著肿大、回路沟扁平、充血，肾脏静脉扩张、充血。

二、输尿管

中肾发出一对输尿管，沿肾的腹侧面向后移行至骨盆腔，直接开口于泄殖道顶壁两侧，不形成膀胱，将尿输送到泄殖腔。

NDV感染鸡泌尿系统、前肾、中肾、后肾和泌尿管见图5-1～图5-5。

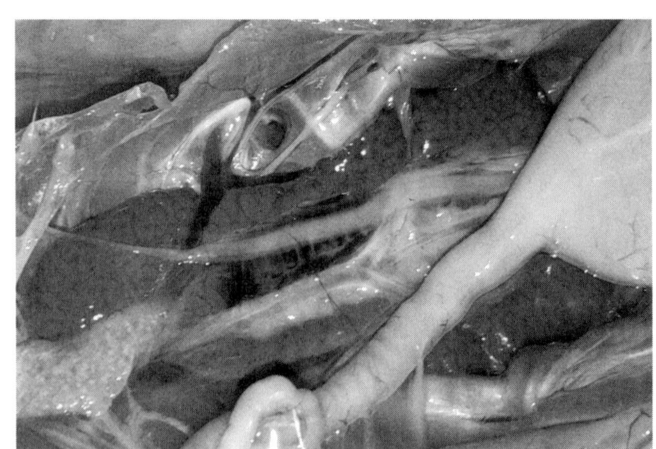

图5-1　NDV感染鸡泌尿系统

扫码看彩图

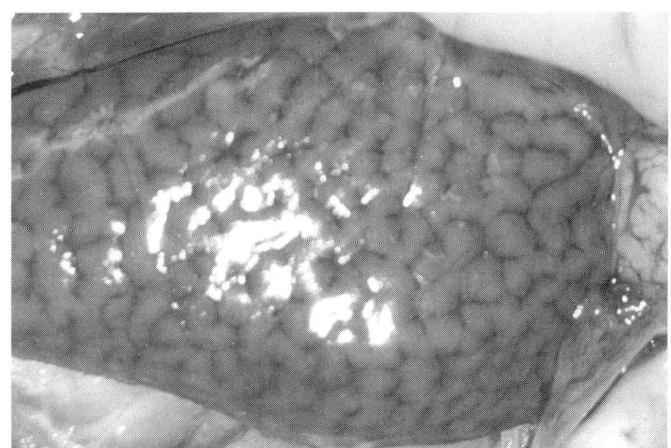

图5-2　NDV感染鸡前肾

扫码看彩图

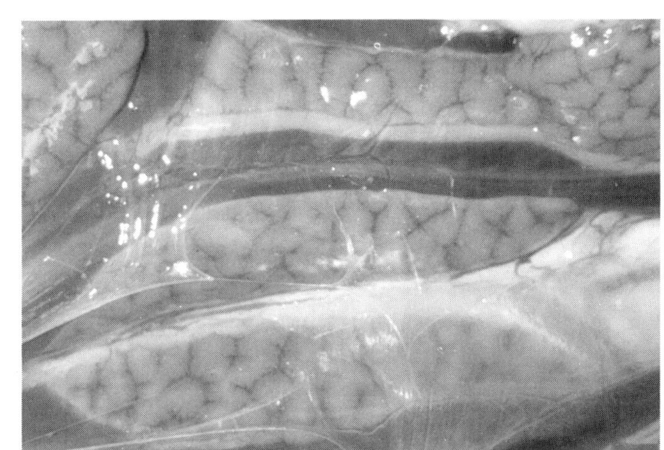

图5-3　NDV感染鸡中肾

扫码看彩图

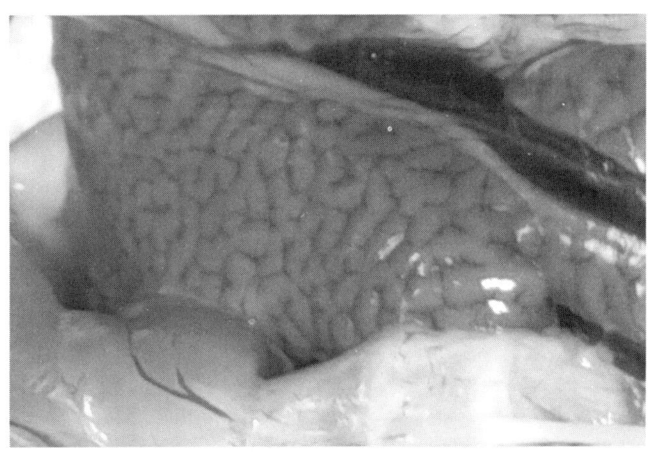

图5-4　NDV感染鸡后肾

扫码看彩图

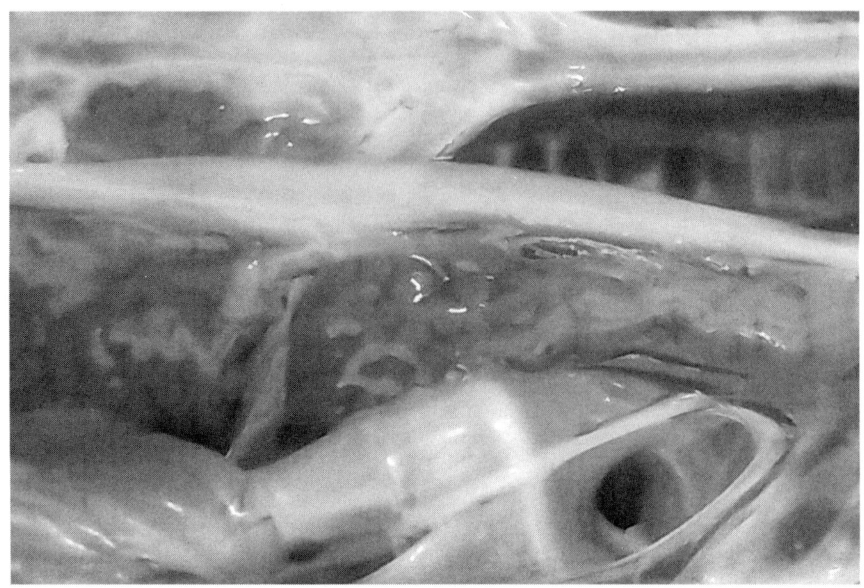

扫码看彩图

图5-5 NDV感染鸡输尿管

第六章　生殖系统病理剖检诊断

雄性生殖系统包括睾丸、附睾、输精管和阴茎体。

一、睾丸

位于腹腔内最后两根肋骨的前上部，略呈椭圆体形，淡黄色。NDV感染鸡一侧睾丸显著肿大，切面隆突、淡黄白色，表面覆盖多量黏液性-浆液性渗出物（图6-1、图6-2）。

二、附睾

附睾附着于睾丸内侧缘，呈扁长的纺锤形，末端形成一条细长的输精管。NDV感染鸡附睾充血。

三、输精管

由附睾发出，呈白色、弯曲的细管，进入泄殖腔顶壁内，开口紧贴于输尿管口下方。

四、阴茎体

位于泄殖腔肛道底唇内侧近肛门部位，呈小隆起状，有3个，位于肛门的腹侧。

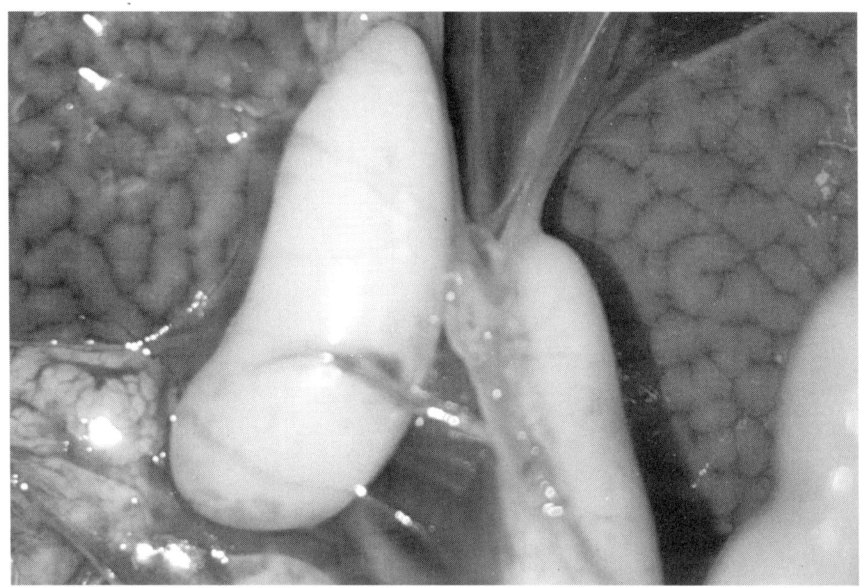

扫码看彩图

图6-1 NDV感染鸡睾丸外观

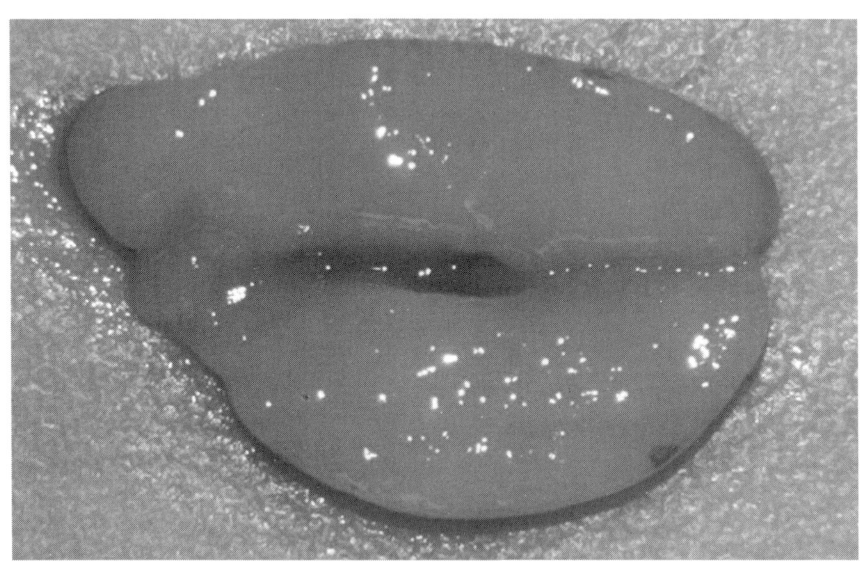

扫码看彩图

图6-2 NDV感染鸡睾丸剖面

第七章　循环系统病理剖检诊断

鸡循环系统包括心脏和血管，其中心脏约占体重的5%左右。血管分为动脉、毛细血管和静脉。

一、心脏

位于胸腔偏左、呈倒立圆锥形的肌质器官，外覆有心包。NDV感染鸡心脏表面苍白色，心包下壁层血管极度扩张、充血（图7-1～图7-4）。

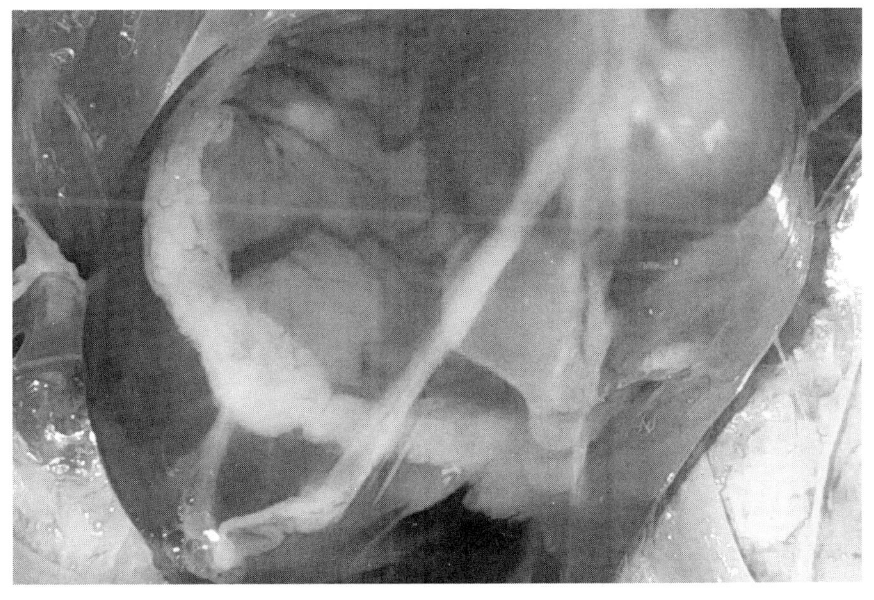

扫码看彩图

图7-1　NDV感染鸡心脏心房淤血

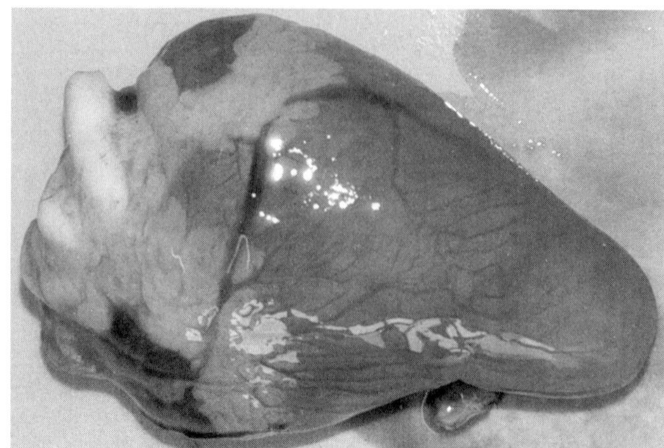

图7-2 NDV感染鸡心脏血管充血

扫码看彩图

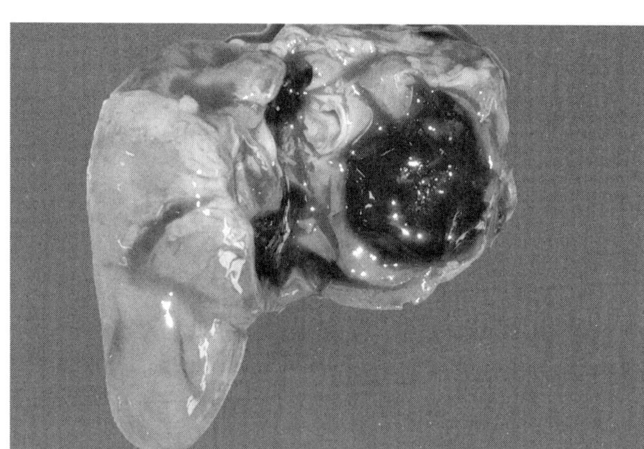

图7-3 NDV感染鸡心房充血

扫码看彩图

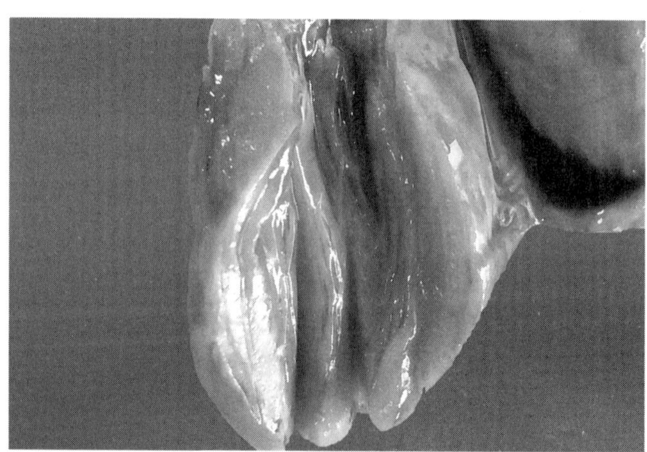

图7-4 NDV感染鸡左心室脂肪变性

扫码看彩图

1. 心腔

心腔包括左、右两个心房和左、右两个心室。

2. 心脏传导系统

是由特殊心肌细胞组成的，包括窦房结、房室结、房室束、结间束、左右房室束支、浦肯野纤维的传导系统。

3. 血管

分为动脉、静脉和毛细血管。根据结构将动脉分为大动脉、中动脉、小动脉、微动脉及毛细血管前微动脉等；静脉分为大静脉、中静脉、小静脉、微静脉及毛细血管后微静脉等。

二、动脉

左心室发出偏右侧的右主动脉弓，分出左、右臂头动脉。右主动脉弓向后延续为主动脉。右心室发出肺动脉干分为两支经肺门入肺。NDV感染鸡冠状动脉扩张充血，右心房内大量血液淤滞，左心室体积变大、心肌松弛、失去弹性，色泽淡黄白色（图7-5、图7-6）。

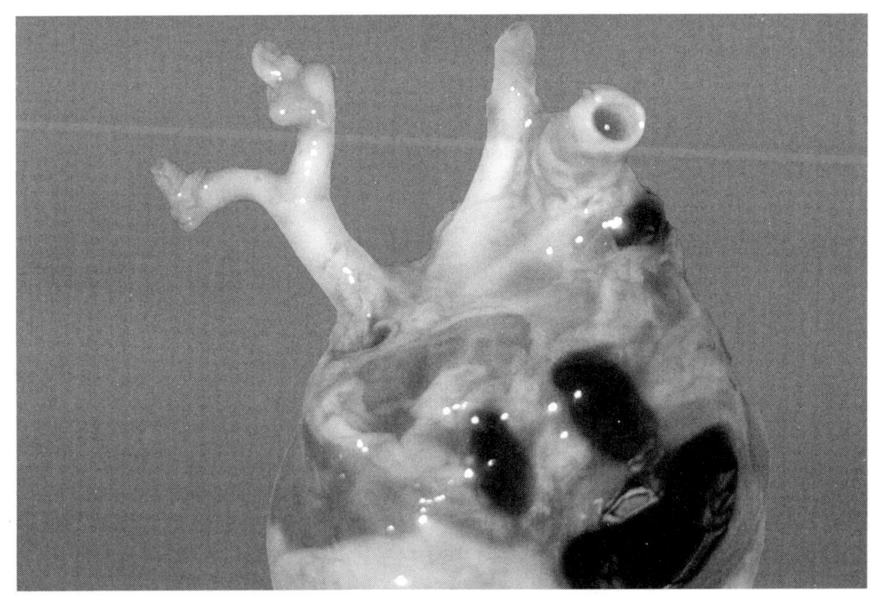

扫码看彩图

图7-5 NDV感染鸡主动脉与肺动脉1

扫码看彩图

图7-6 NDV感染鸡主动脉与肺动脉2

三、静脉

颈静脉有两条，紧贴于皮下，位于气管两侧，淤血。1对肺静脉汇入左心房。机体两侧的颈静脉、椎静脉和锁骨下静脉汇合形成两条前腔静脉；两髂总静脉汇合形成一条后腔静脉。

有左、右两条肝门静脉入肝。肝静脉汇入后腔静脉。肾门前静脉和肾门后静脉汇合形成左、右两条肾门静脉。两髂内静脉向前延伸形成肾后静脉，后者与髂外静脉汇合成髂总静脉后进入后腔静脉。

NDV感染鸡静脉淤血，暗红色或黑色。

四、毛细血管

毛细血管位于动脉、静脉之间，几乎遍布全身，为血液与组织之间进行物质交换的场所。NDV感染鸡毛细血管扩张充血（图7-7～图7-9）。

图7-7　NDV感染鸡颈部皮下血管充血

扫码看彩图

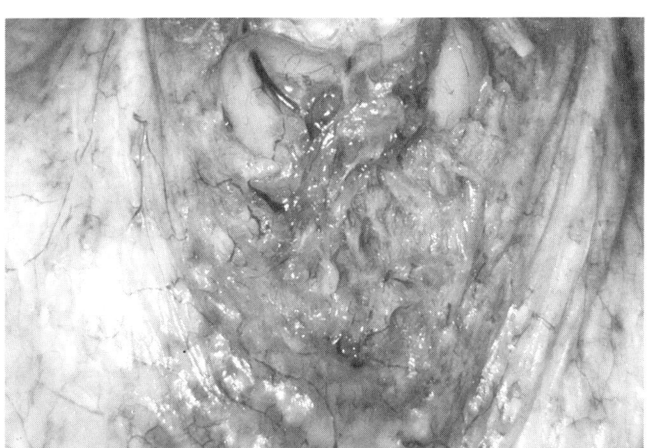

图7-8　NDV感染鸡背部皮下血管充血

扫码看彩图

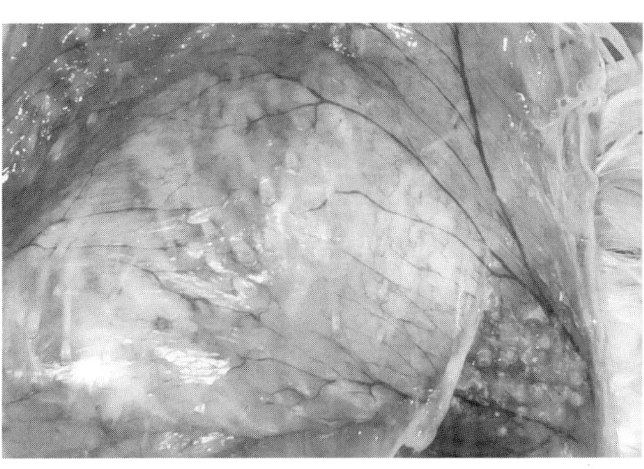

图7-9　NDV感染鸡胸部皮下血管充血

扫码看彩图

第八章 免疫系统病理剖检诊断

免疫系统由免疫器官、免疫细胞、淋巴组织和免疫分子等组成，包括脾脏、胸腺、骨髓和法氏囊。

一、胸腺

呈串状分叶小体分布于颈部气管两侧的皮下，NDV感染鸡胸腺肿大，血管轻度充血（图8-1）。

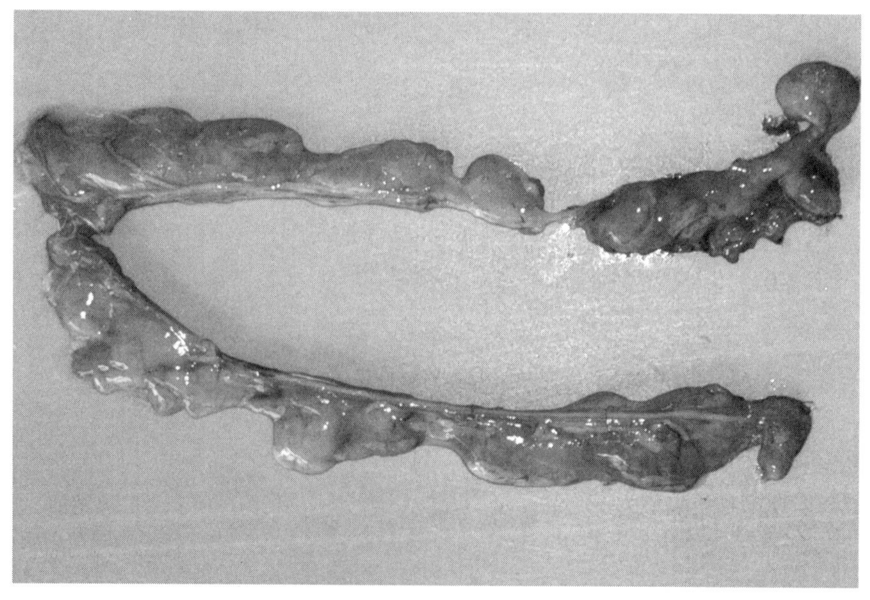

扫码看彩图

图8-1 NDV感染鸡胸腺

二、脾脏

呈红褐色、不规则球形，位于腺胃右侧。NDV感染鸡脾脏体积显著肿大，在表面淡红色背景下散在多量苍白色至淡黄色粟粒状物质，切面散布大量粟粒状白色物质，为淀粉样变（图8-2～图8-4）。

图8-2 NDV感染鸡脾脏1

扫码看彩图

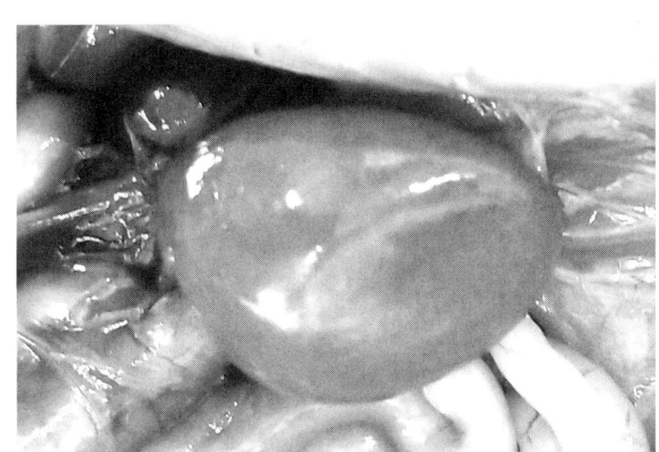

图8-3 NDV感染鸡脾脏2

扫码看彩图

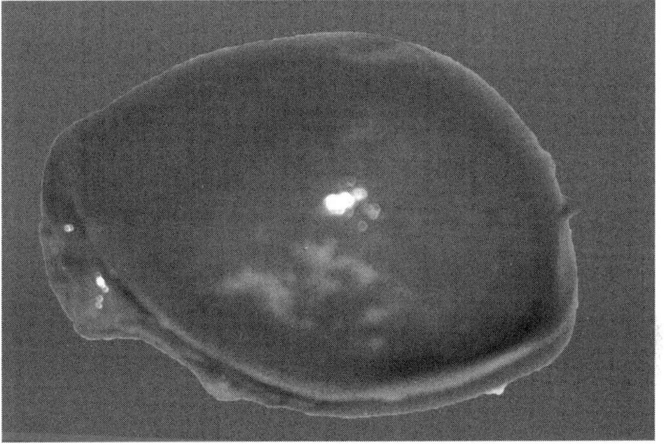

图8-4 NDV感染鸡脾脏3

扫码看彩图

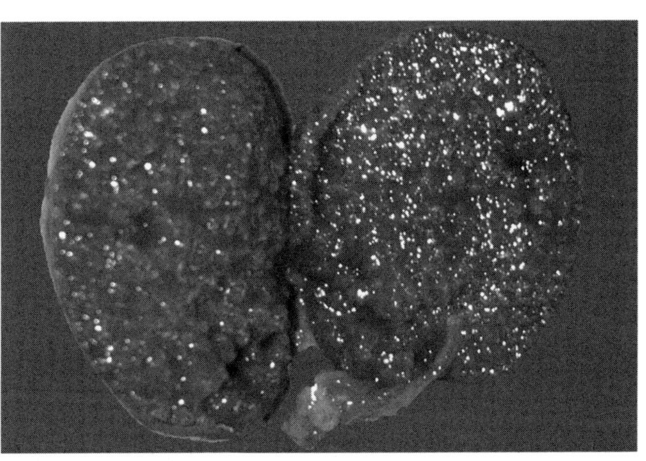

三、法氏囊

呈长椭圆形，黏膜褶里含有大量淋巴组织，位于泄殖腔近肛门背侧。NDV感染鸡法氏囊体积显著增大，为原来的1～2倍；浆膜下色泽淡黄、血管显著充血、组织炎性水肿；法氏囊黏膜显著肿胀、隆突，苍白色至淡黄色、淡红色，严重病变法氏囊黏膜有出血点、出血斑，表面覆盖大量浆液性渗出物（图8-5～图8-7）。

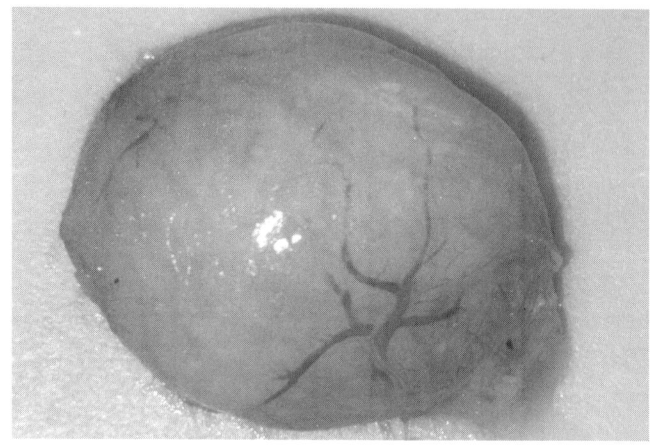

图8-5 法氏囊1

扫码看彩图

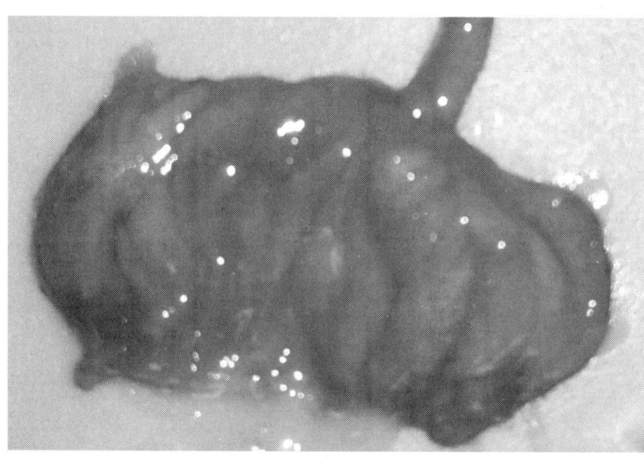

图8-6 法氏囊2

扫码看彩图

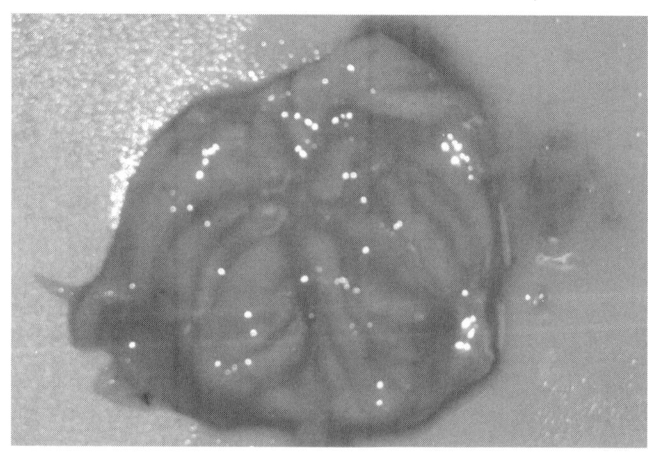

图8-7 法氏囊3

扫码看彩图

四、淋巴结

包括颈淋巴结、肠系膜淋巴结、股淋巴结及腰淋巴结等，淋巴液通过淋巴管汇入前、后腔静脉。NDV感染鸡淋巴结出血、增生。

五、淋巴组织

弥散淋巴组织广泛分布于实质性器官、肠道管壁及淋巴管壁内。NDV感染鸡回盲瓣淋巴组织黏膜肿大、隆突，有大量散在针尖状出血点。

回盲瓣扁桃体见图8-8。

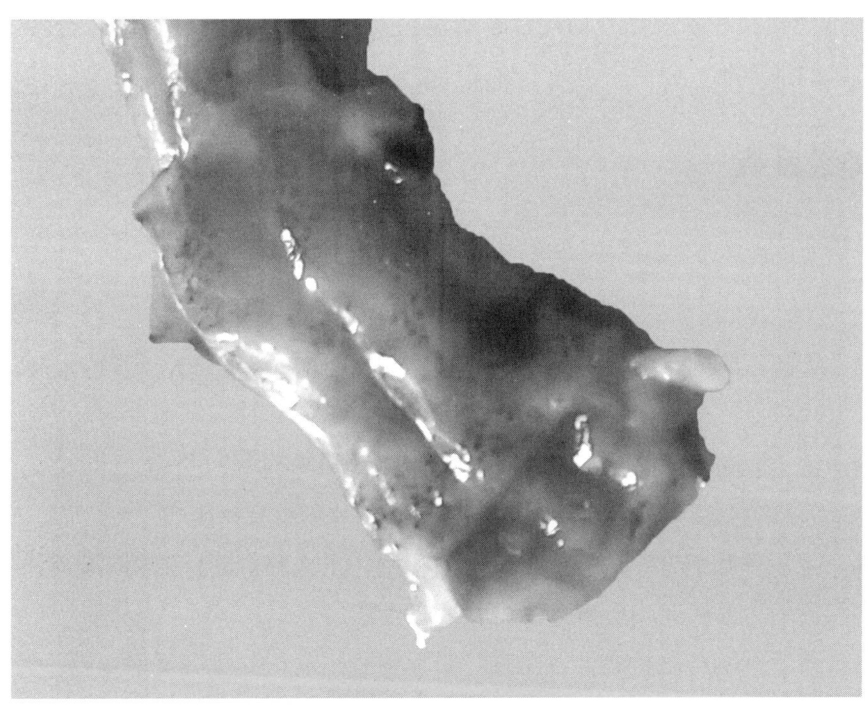

扫码看彩图

图8-8　回盲瓣扁桃体

第九章 神经系统病理剖检诊断

神经系统由中枢神经系统和外周神经系统组成。中枢神经系统包括脑和脊髓。外周神经系统包括脑神经、脊神经和自主植物神经。

一、中枢神经系统

由脑和脊髓组成。

1.脑

包括嗅脑、大脑、间脑、中脑、延髓和小脑。NDV鸡大脑体积增大，炎性水肿，脑血管显著扩张、充血，中脑血管充血、出血。

（1）嗅脑　位于大脑半球前端，由嗅球、嗅前核和嗅结节构成。

（2）大脑　大脑主要由皮质、髓质、基底核、胼胝体和纹状体构成。

（3）间脑　位于中脑前方；由背侧丘脑、后丘脑、上丘脑、底丘脑和下丘脑构成。两侧丘脑和丘脑下部相连，丘脑周腔隙为第三脑室。

（4）中脑　位于间脑与脑桥之间，是视、听反射和运动、姿势等反射中枢。背侧前一对发达的前丘为视叶，背侧后形成一对发达的后丘为听丘。

（5）脑桥　位于中脑和延髓之间，腹面膨大形成脑桥基底部。

（6）小脑　位于大脑半球后方、脑桥和延髓背侧，与大脑之间以大脑横裂分隔。小脑蚓部发达，两侧有1对小绒球。

（7）延髓　位于脑桥和脊髓之间，较宽大，背侧与小脑形成第四脑室。为基本生命活动中枢，控制呼吸、心跳、消化等活动。

2.脊髓

位于椎管内、延髓后，延续到尾部的尾综骨，不形成马尾。在颈胸部和腰荐部分别形成颈膨大和腰荐膨大。

NDV感染鸡脑外观病变见图9-1～图9-3。

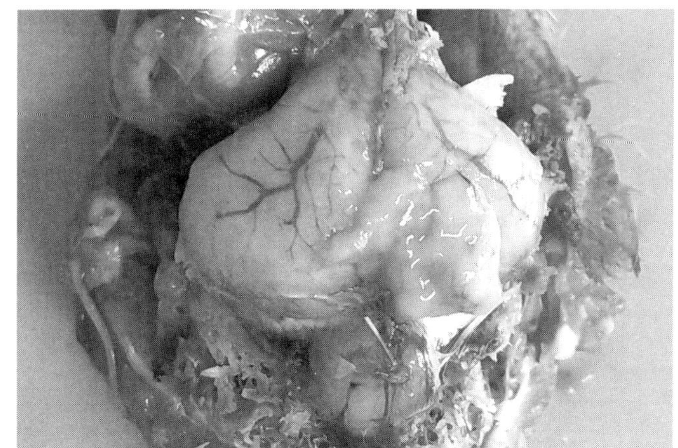

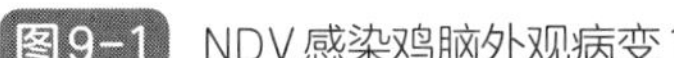

图9-1 NDV感染鸡脑外观病变1

扫码看彩图

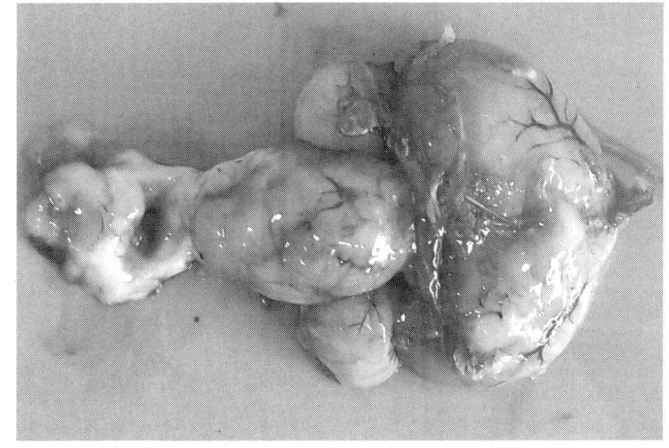

图9-2 NDV感染鸡脑外观病变2

扫码看彩图

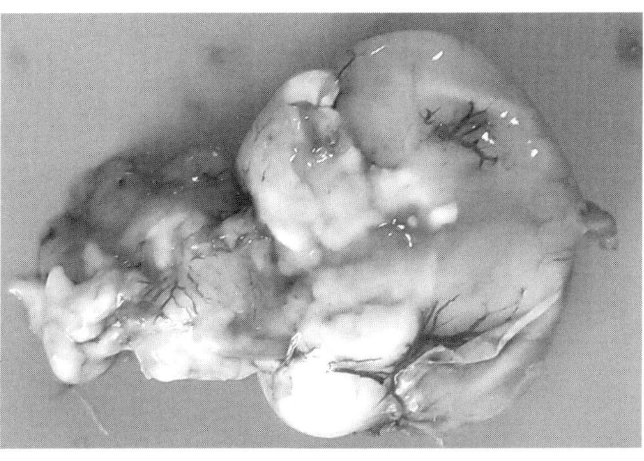

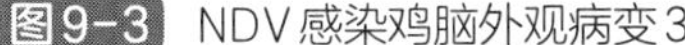

图9-3 NDV感染鸡脑外观病变3

扫码看彩图

二、外周神经

包括脑神经和脊神经。

1. 脑神经

有12对脑神经，分别是嗅神经、视神经、动眼神经、滑车神经、三叉神经、展神经、面神经、听神经、舌咽神经、迷走神经、副神经、舌下神经。其中，三叉神经较发达；舌咽神经有舌支、喉咽支和食管降支3个分支。副神经与迷走神经合并（图9-4）。舌下神经包括舌支和气管支2个分支。

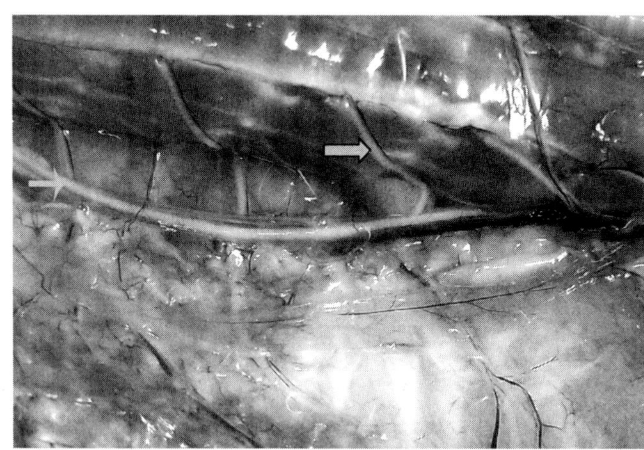

图9-4　NDV感染鸡迷走神经

扫码看彩图

2. 脊神经

脊神经有30余对。颈胸部第4～5对脊神经的腹侧支构成臂神经丛，分布于前肢和胸部肌肉。荐部的8对脊神经的腹侧支构成腰荐神经丛，其中，坐骨神经分布于后肢和盆部（图9-5）。

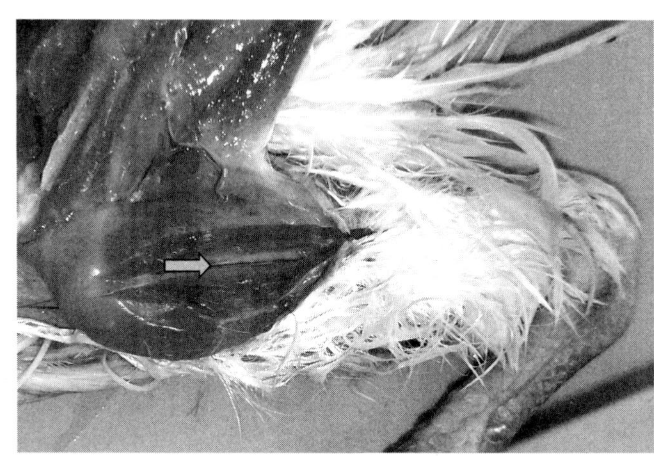

图9-5　NDV感染鸡坐骨神经

扫码看彩图

3. 自主神经系统

自主神经系统由交感神经和副交感神经构成，不受意志支配，因此又称植物性神经系统；分布于血管和内脏的平滑肌、心肌及腺体等处，又称内脏神经。

下篇

鸡新城疫病理组织学诊断

机体组织包括上皮组织、肌组织、结缔组织和神经组织四大组织。细胞与间质组织联合形成器官。本篇主要叙述鸡机体主要器官组织的病理变化。

第十章 被皮系统病理组织学诊断

被皮系统由皮肤和皮肤衍生物组成，覆盖于体表。皮肤形成羽毛、喙、爪、尾脂腺、冠及肉髯等衍生物。

一、皮肤

分为表皮、真皮和皮下组织。NDV感染鸡颈部、胸部、腹部、背部皮肤真皮层微血管扩张充血、结缔组织水肿（图10-1 ～图10-12）。

扫码看彩图

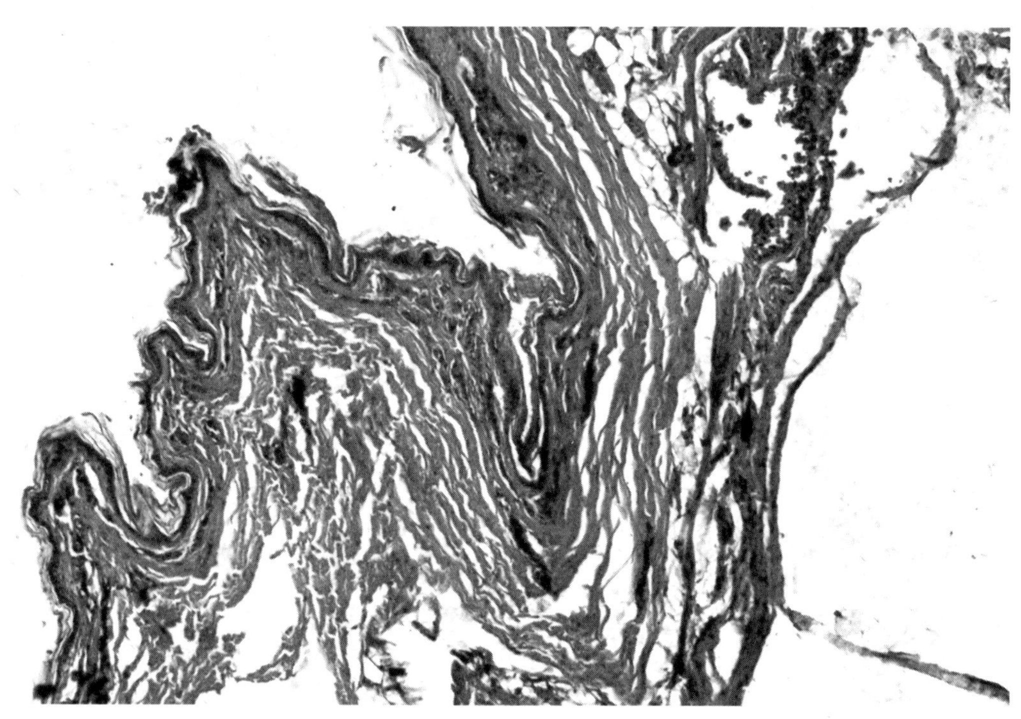

图10-1 NDV感染鸡胸部皮肤（HE染色，100倍）

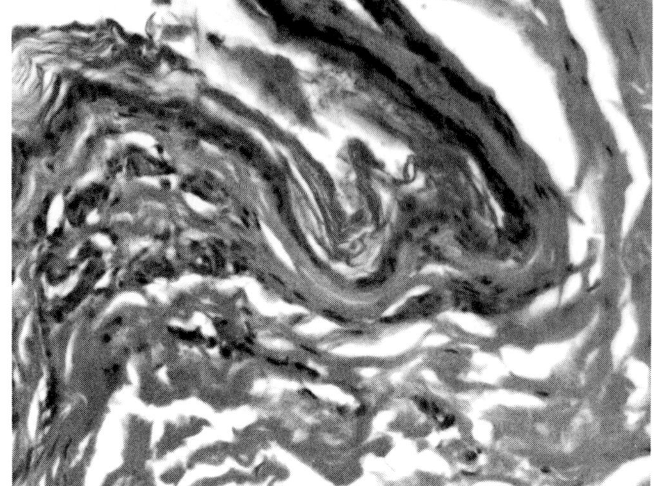

图10-2　NDV感染鸡胸部皮肤1（HE染色，400倍）

扫码看彩图

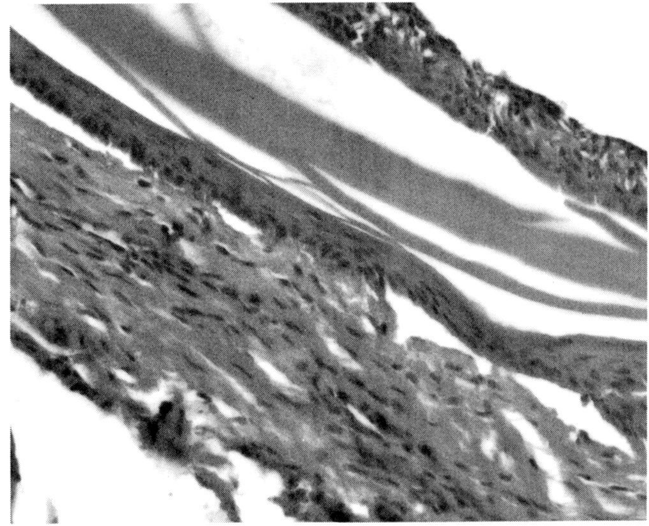

图10-3　NDV感染鸡胸部皮肤2（HE染色，400倍）

扫码看彩图

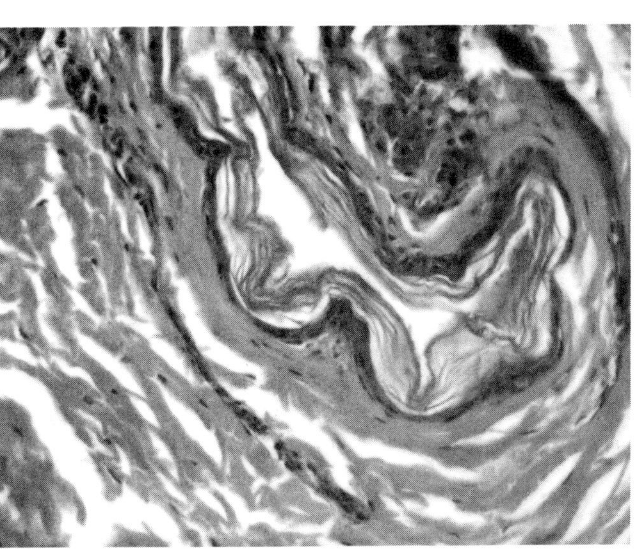

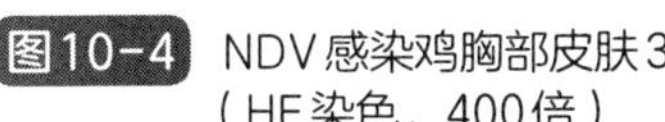

图10-4　NDV感染鸡胸部皮肤3（HE染色，400倍）

扫码看彩图

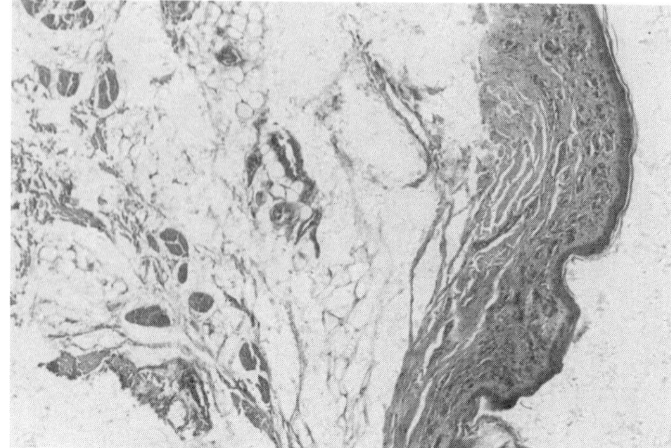

图10-5 NDV感染鸡腹部皮肤1（HE染色，100倍）

扫码看彩图

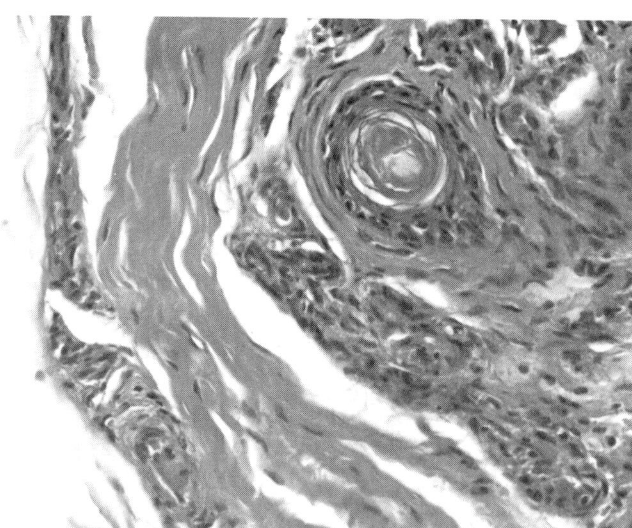

图10-6 NDV感染鸡腹部皮肤2（HE染色，400倍）

扫码看彩图

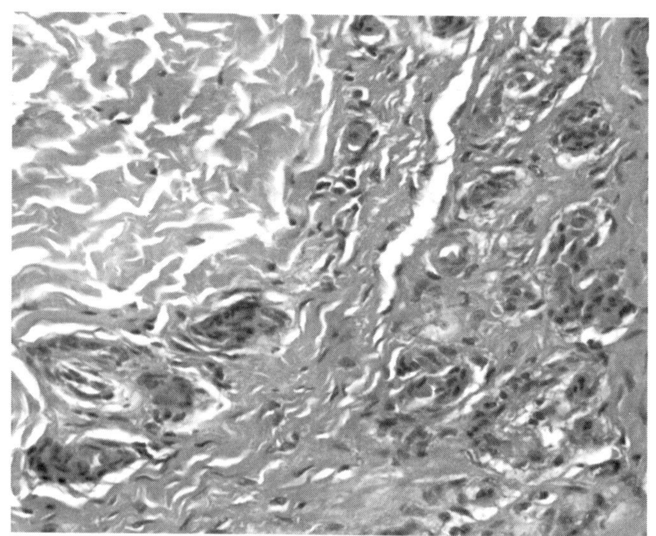

图10-7 NDV感染鸡腹部皮肤3（HE染色，400倍）

扫码看彩图

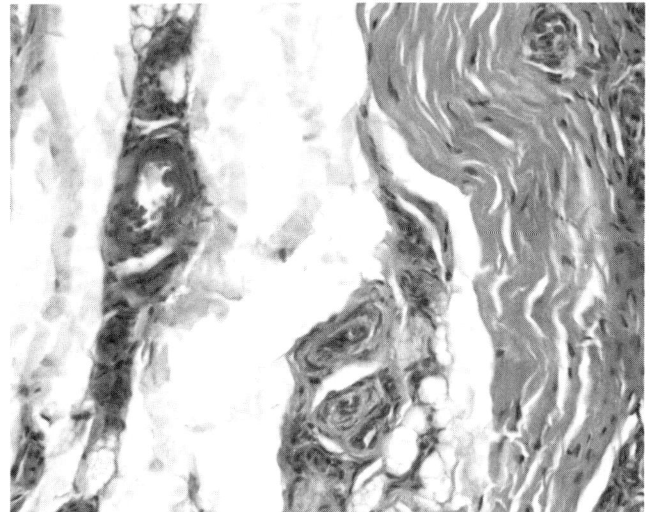

图10-8 NDV感染鸡腹部皮肤4（HE染色，400倍）

扫码看彩图

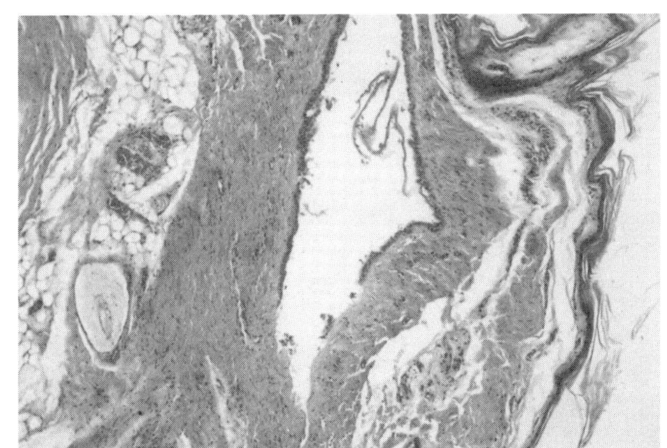

图10-9 NDV感染鸡背部皮肤1（HE染色，100倍）

扫码看彩图

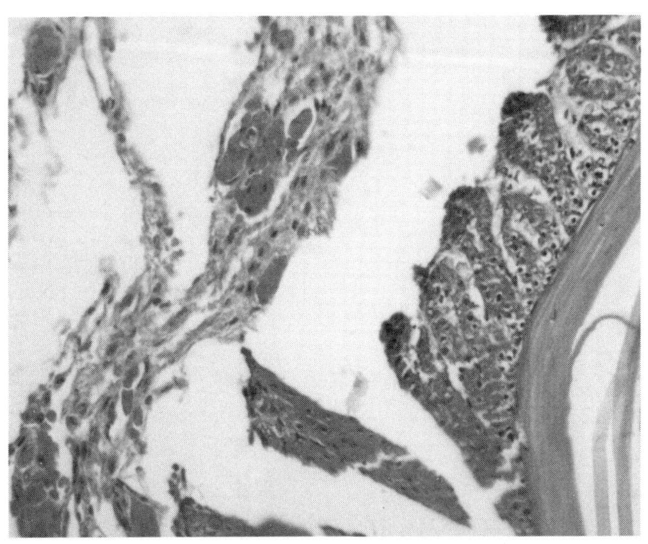

图10-10 NDV感染鸡背部皮肤2（HE染色，400倍）

扫码看彩图

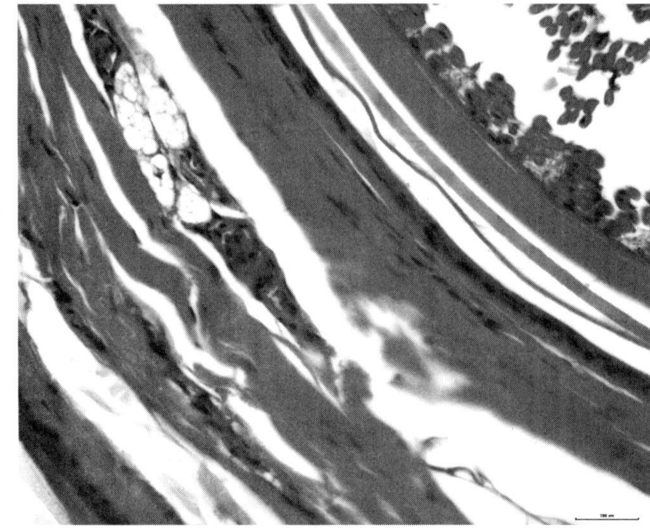

图10-11　NDV感染鸡背部皮肤3（HE染色，400倍）

扫码看彩图

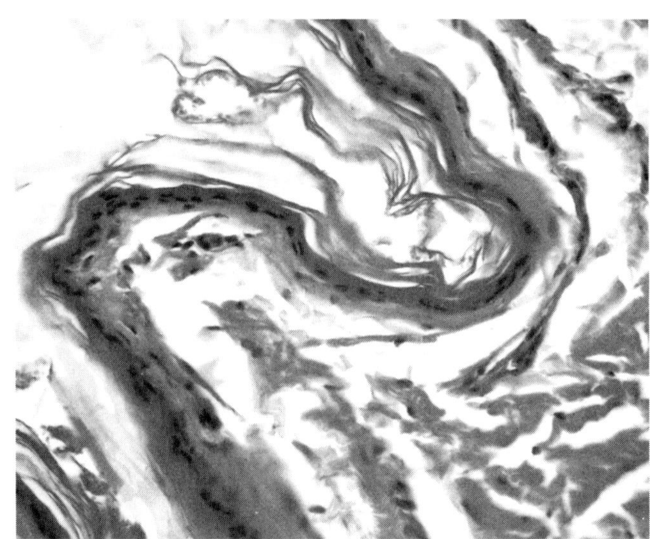

图10-12　NDV感染鸡背部皮肤4（HE染色，400倍）

扫码看彩图

二、羽毛

羽毛表皮细胞凹陷至真皮形成毛囊后突出表皮表面形成毛干。毛包括毛根和毛干两部分。毛根部的竖毛肌，发挥竖毛作用。

三、尾脂腺

在尾部背侧有尾脂腺。NDV感染鸡尾脂腺间质血管充血（图10-13～图10-16）。

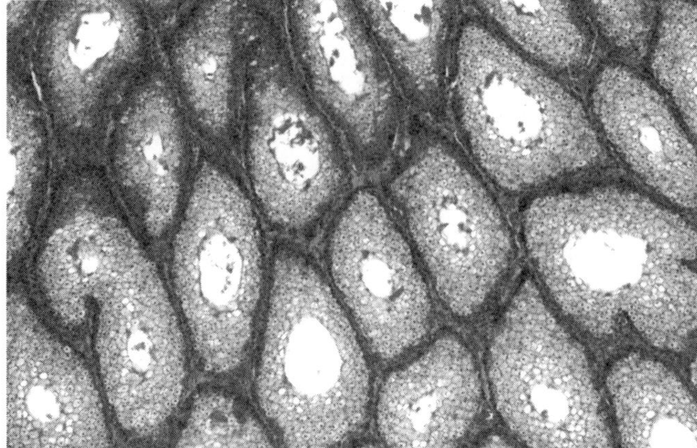

图10-13 NDV感染鸡尾脂腺1（HE染色，100倍）

扫码看彩图

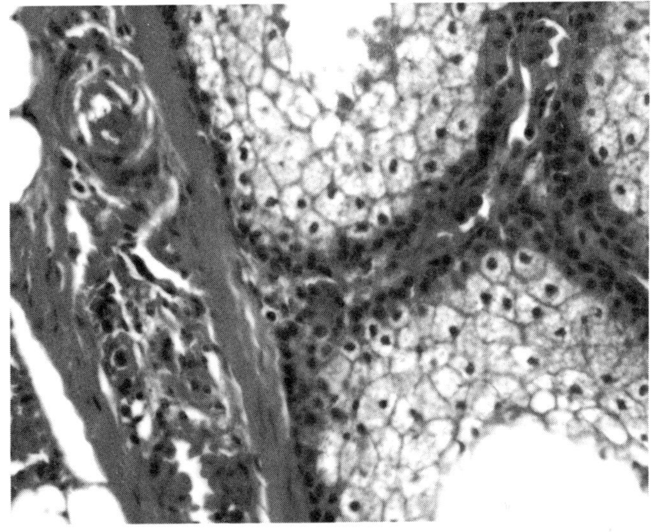

图10-14 NDV感染鸡尾脂腺2（HE染色，400倍）

扫码看彩图

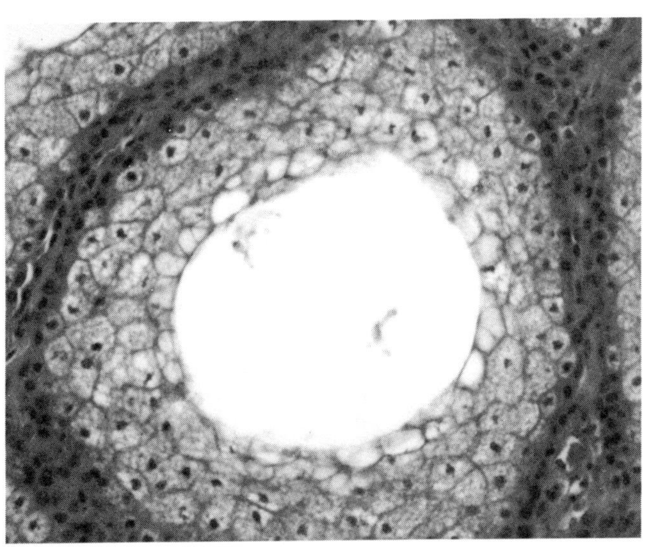

图10-15 NDV感染鸡尾脂腺3（HE染色，400倍）

扫码看彩图

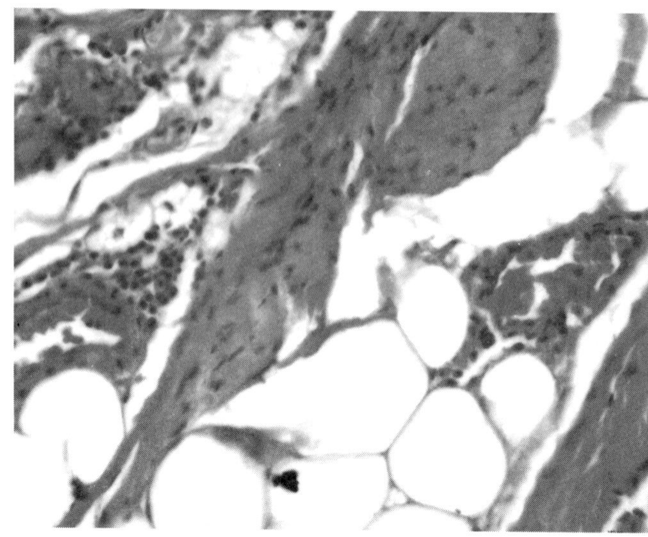

图10-16 NDV感染鸡尾脂腺4（HE染色，400倍）

扫码看彩图

四、脚部鳞片

表皮角质层增厚形成的脚鳞片呈叠瓦状排列，保护深层组织。

五、冠、肉髯

冠、肉髯分别是鸡头部顶部、颌下皮肤形成的特殊褶皱结构，结构与皮肤基本相似。冠的表皮较薄，真皮厚，浅层内含有丰富的毛细血管丛。NDV感染鸡鸡冠表皮纤维排列较乱、断裂；真皮内毛细血管较多，扩张充血；真皮下层结缔组织血管扩张充血。鸡髯真皮下层血管极度扩张充血（图10-17～图10-24）。

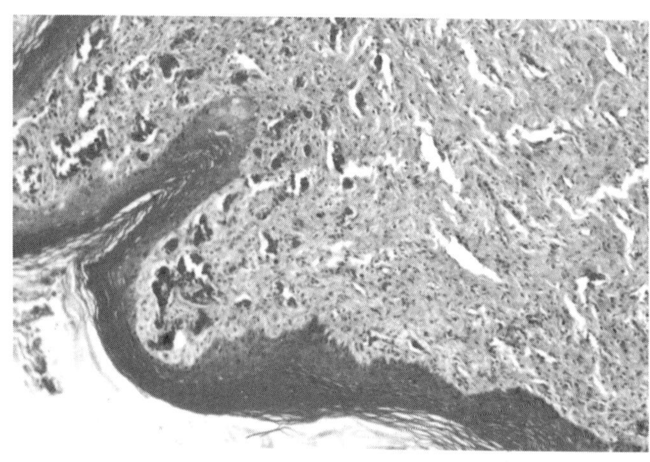

图10-17 NDV感染鸡鸡冠1（HE染色，100倍）

扫码看彩图

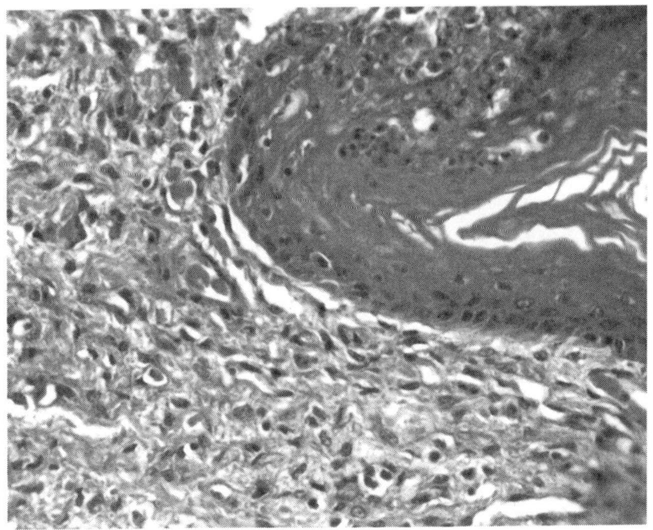

图10-18 NDV感染鸡鸡冠2（HE染色，400倍）

扫码看彩图

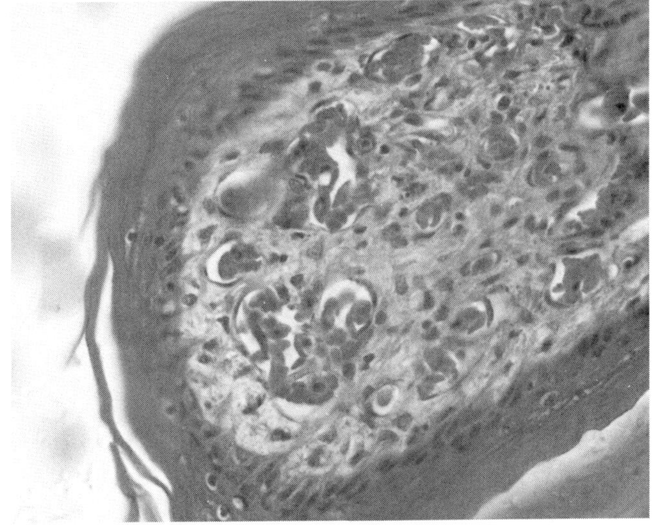

图10-19 NDV感染鸡鸡冠3（HE染色，400倍）

扫码看彩图

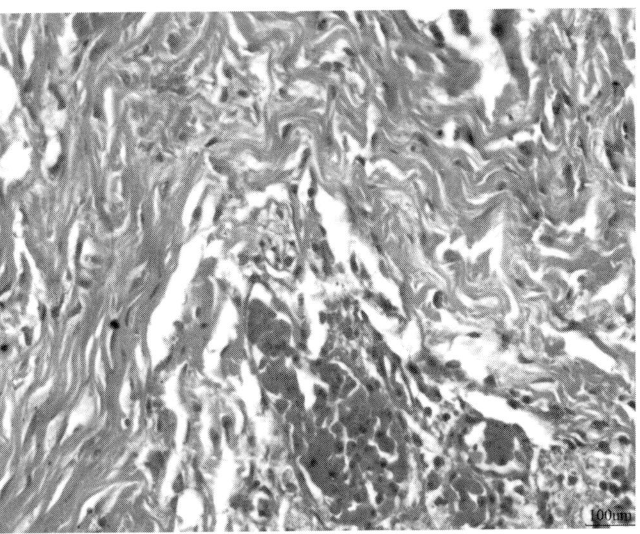

图10-20 NDV感染鸡鸡冠4（HE染色，400倍）

扫码看彩图

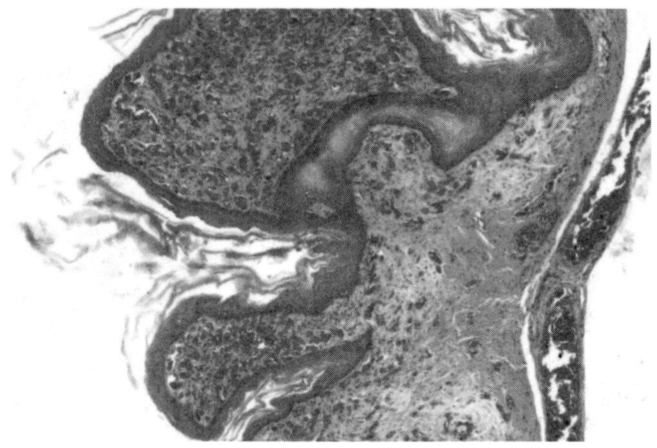

图10-21 NDV感染鸡鸡髯1
（HE染色，100倍）

扫码看彩图

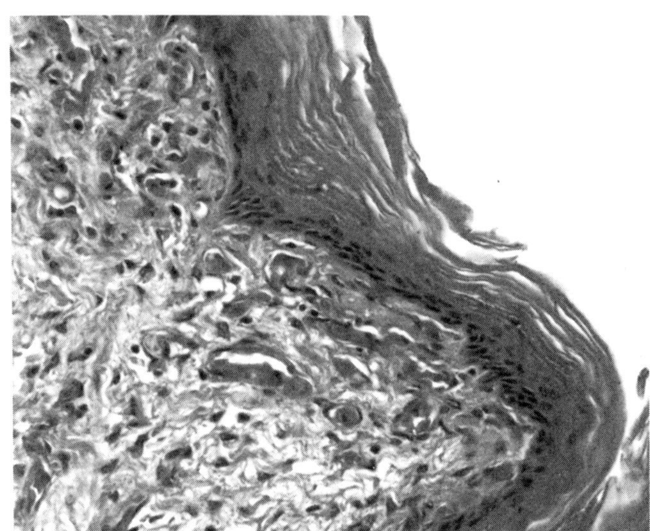

图10-22 NDV感染鸡鸡髯2
（HE染色，400倍）

扫码看彩图

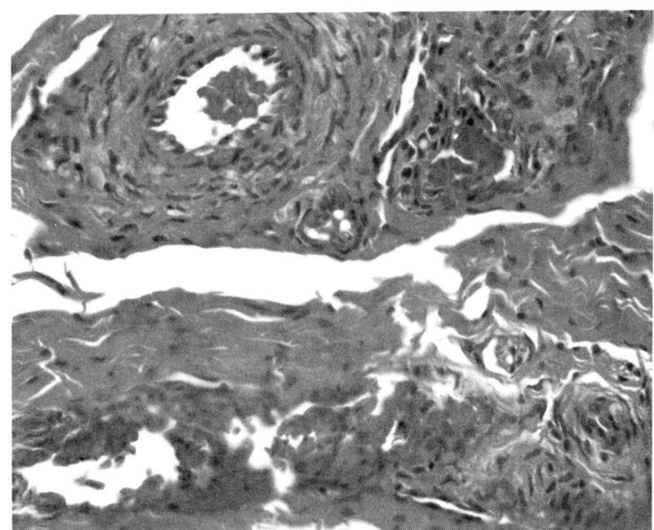

图10-23　NDV感染鸡鸡髯3（HE染色，400倍）

扫码看彩图

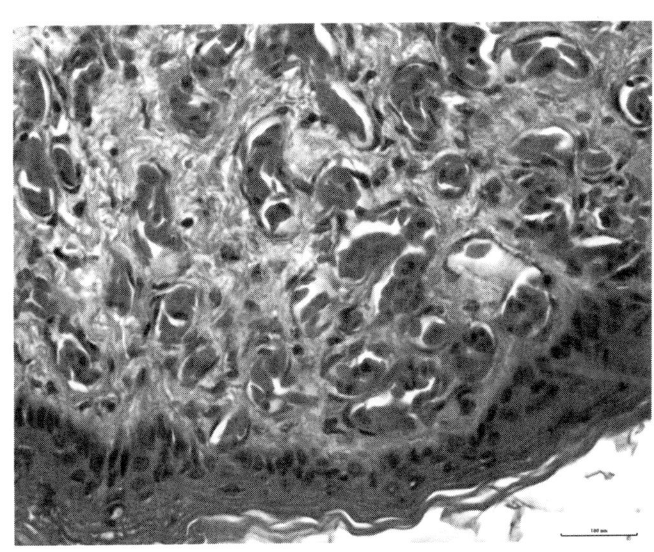

图10-24　NDV感染鸡鸡髯4（HE染色，400倍）

扫码看彩图

第十一章 运动系统病理组织学诊断

运动系统主要由骨骼与肌组织构成。其中，肌组织主要由肌细胞和间质构成，分为骨骼肌、心肌和平滑肌。肌细胞又称肌纤维。鸡新城疫病毒主要侵袭运动系统的肌组织。

一、骨骼肌

骨骼肌有周期性横纹，又称横纹肌；分布于四肢和体壁，又称体壁肌。细胞质含有大量与肌纤维长轴平行排列的肌原纤维。NDV感染鸡颈肌肌纤维排列稍乱、坏死、断裂，间质充血、水肿（图11-1 ～图11-4）。胸肌肌纤维水肿、坏死、横纹消失（图11-5 ～图11-8）。肋间肌间质充血、水肿（图11-9 ～图11-12）。大腿肌肌纤维体积肿大、颗粒变性、脂肪变性、横纹消失，甚至坏死（图11-13 ～图11-16）。腓肠肌肌纤维体积肿大、崩解、断裂、横纹消失，间质血管扩张充血（图11-17 ～图11-20）。

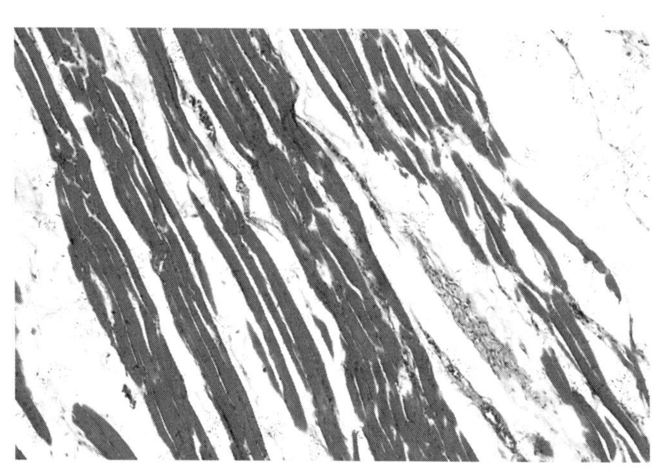

图11-1 NDV感染鸡颈肌1（HE染色，100倍）

扫码看彩图

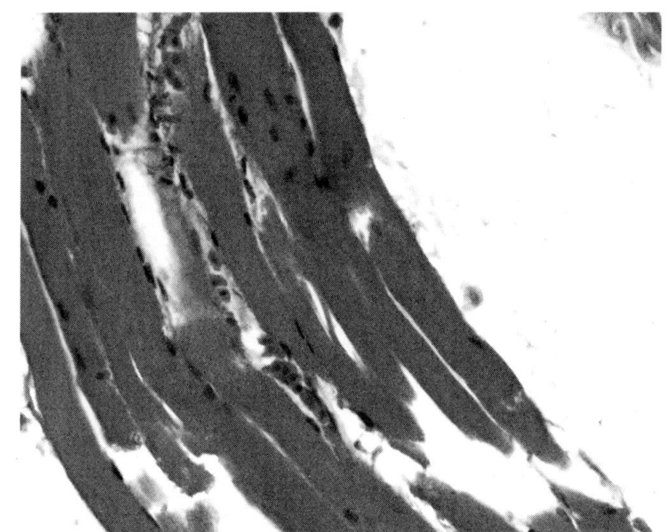

图11-2 NDV感染鸡颈肌2（HE染色，400倍）

扫码看彩图

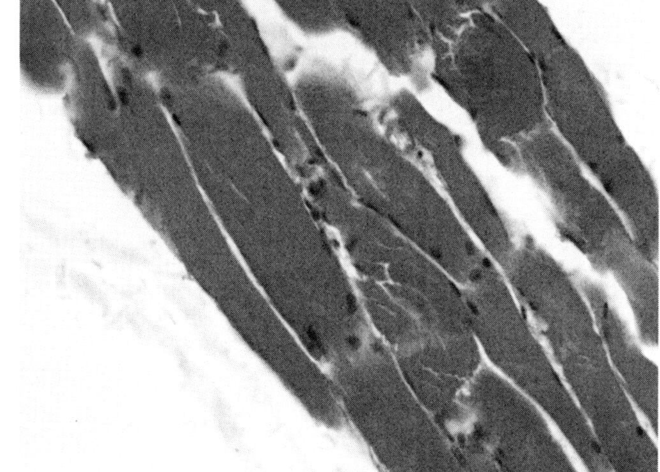

图11-3 NDV感染鸡颈肌3（HE染色，400倍）

扫码看彩图

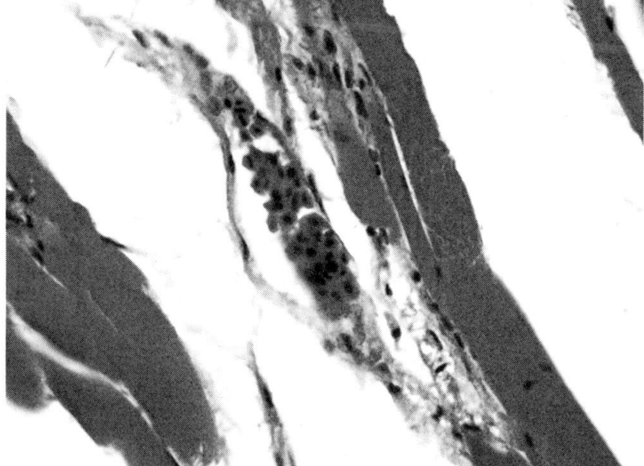

图11-4 NDV感染鸡颈肌4（HE染色，400倍）

扫码看彩图

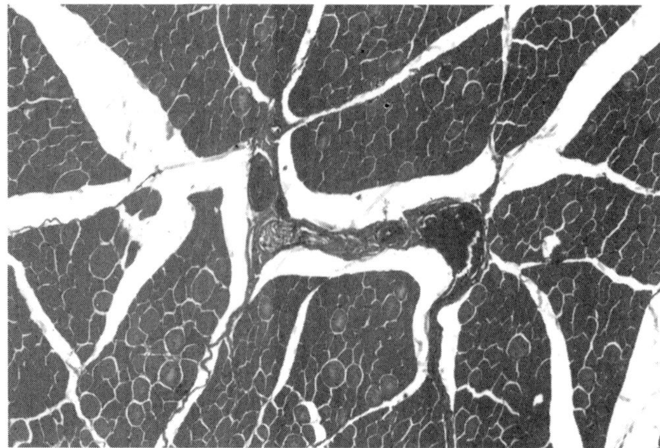

图11-5　NDV感染鸡胸肌1
（HE染色，100倍）

扫码看彩图

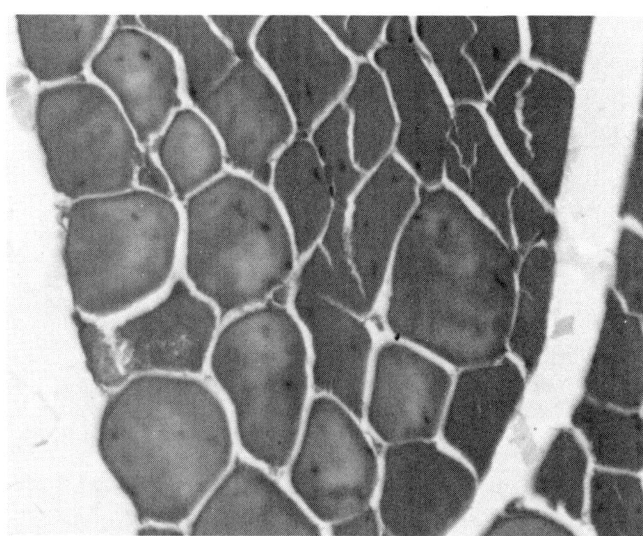

图11-6　NDV感染鸡胸肌2
（HE染色，400倍）

扫码看彩图

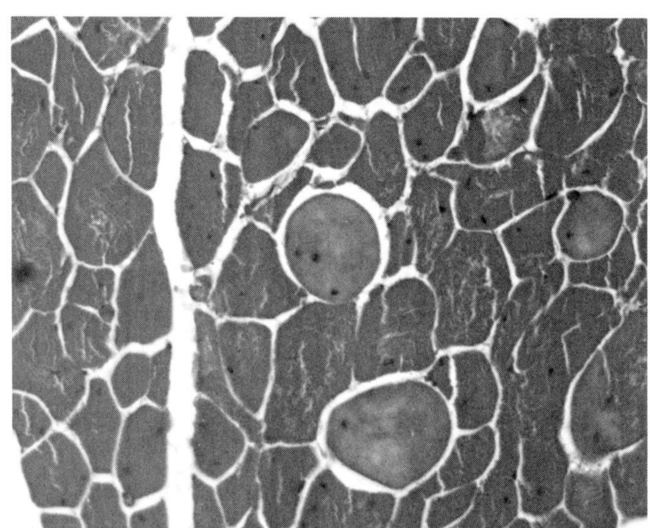

图11-7　NDV感染鸡胸肌3
（HE染色，400倍）

扫码看彩图

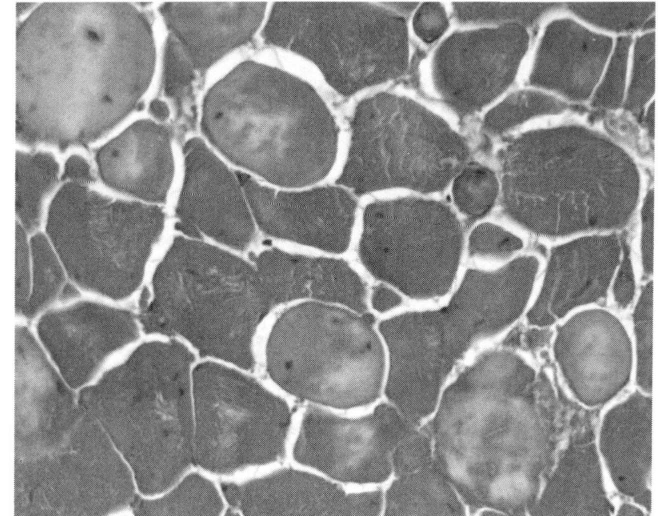

图11-8　NDV感染鸡胸肌4
（HE染色，400倍）

扫码看彩图

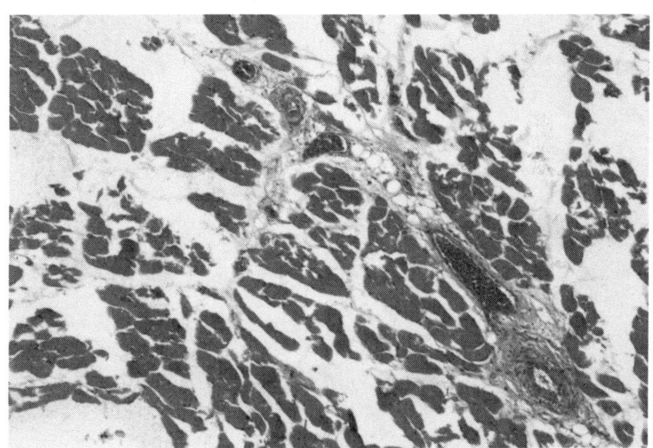

图11-9　NDV感染鸡肋间肌1
（HE染色，100倍）

扫码看彩图

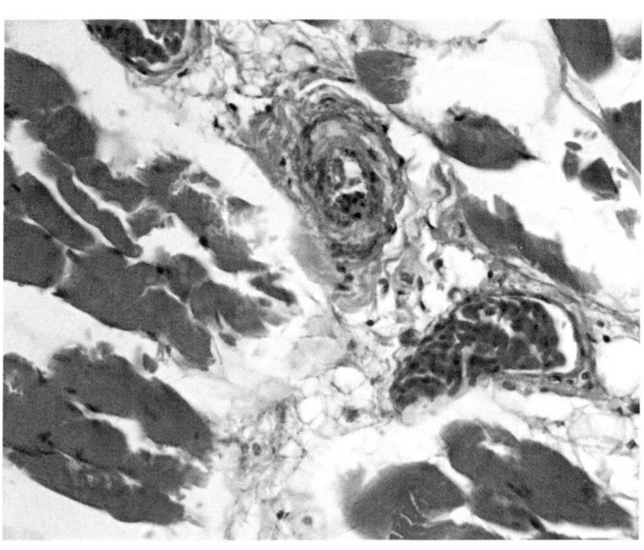

图11-10　NDV感染鸡肋间肌2
（HE染色，400倍）

扫码看彩图

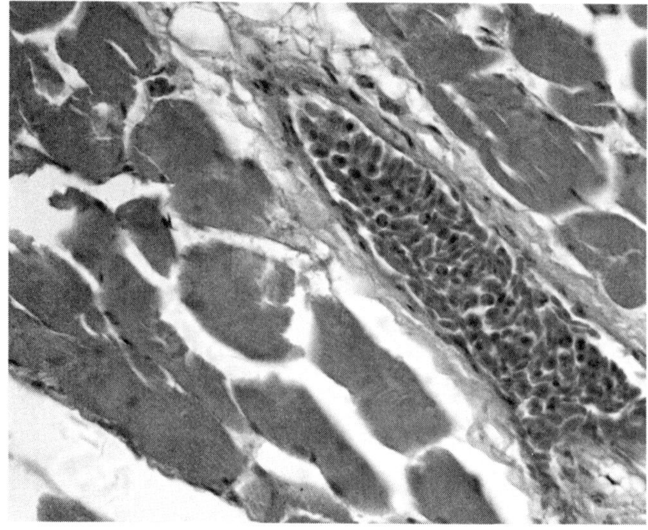

图11-11 NDV感染鸡肋间肌3（HE染色，400倍）

扫码看彩图

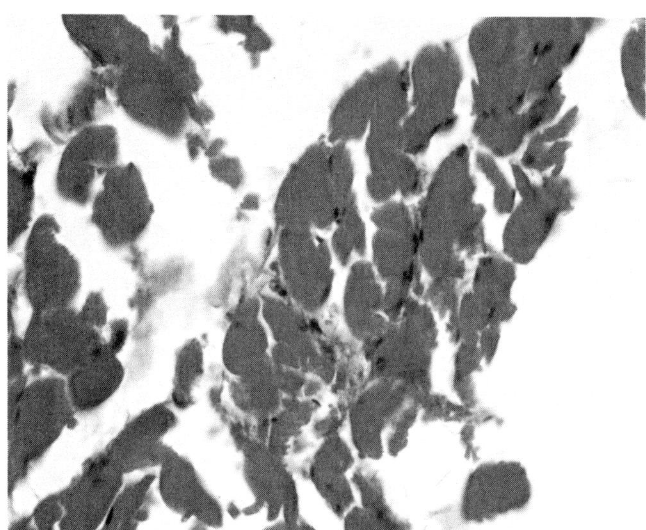

图11-12 NDV感染鸡肋间肌4（HE染色，400倍）

扫码看彩图

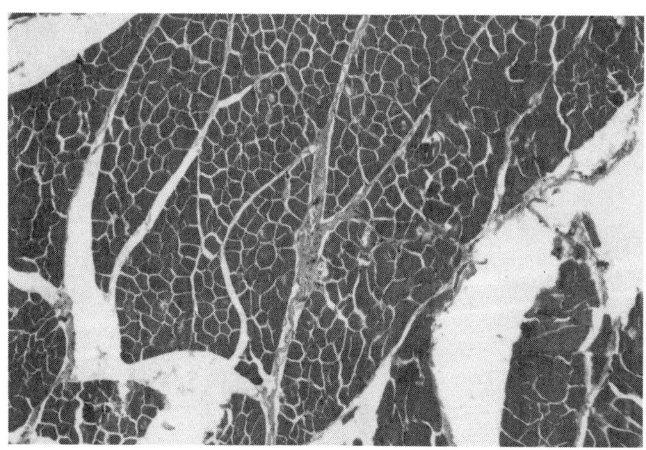

图11-13 NDV感染鸡股大腿肌1（HE染色，100倍）

扫码看彩图

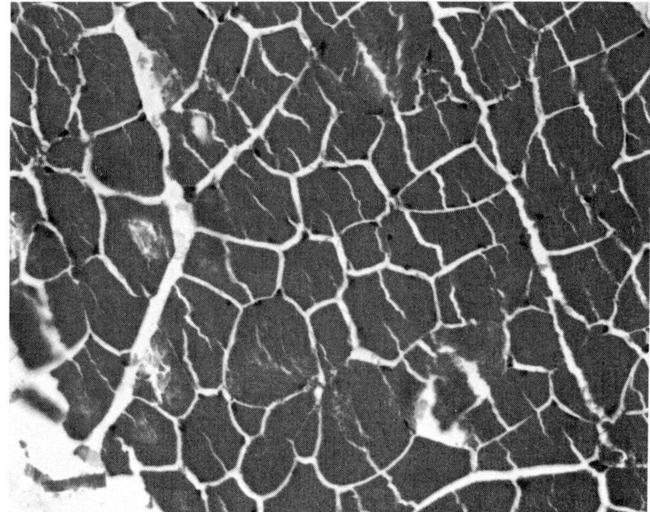

图11-14 NDV感染鸡股大腿肌2（HE染色，400倍）

扫码看彩图

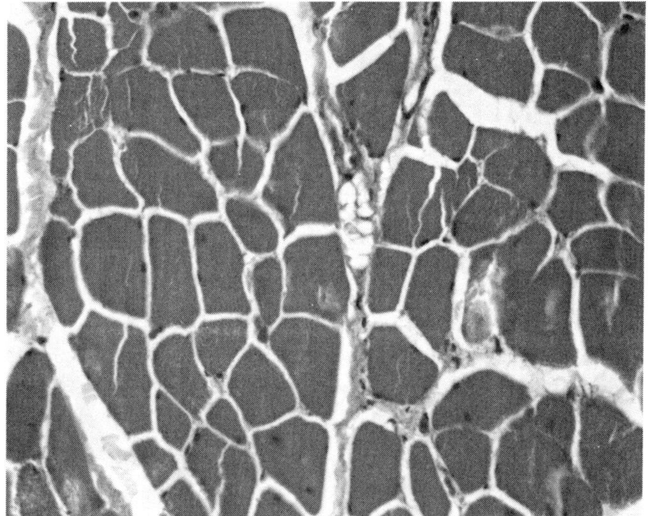

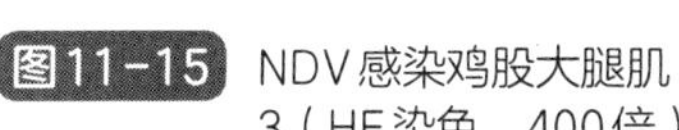

图11-15 NDV感染鸡股大腿肌3（HE染色，400倍）

扫码看彩图

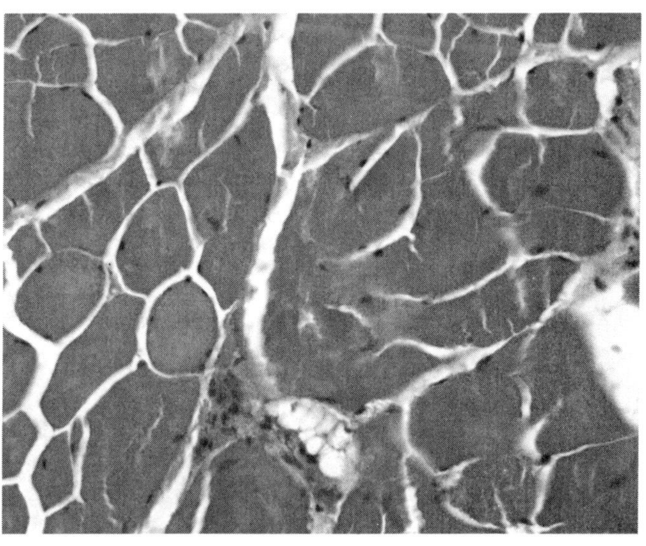

图11-16 NDV感染鸡股大腿肌4（HE染色，400倍）

扫码看彩图

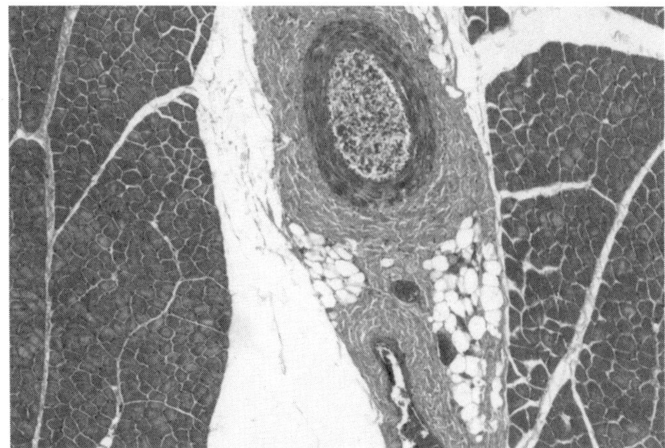

图11-17 NDV感染鸡腓肠肌1（HE染色，100倍）

扫码看彩图

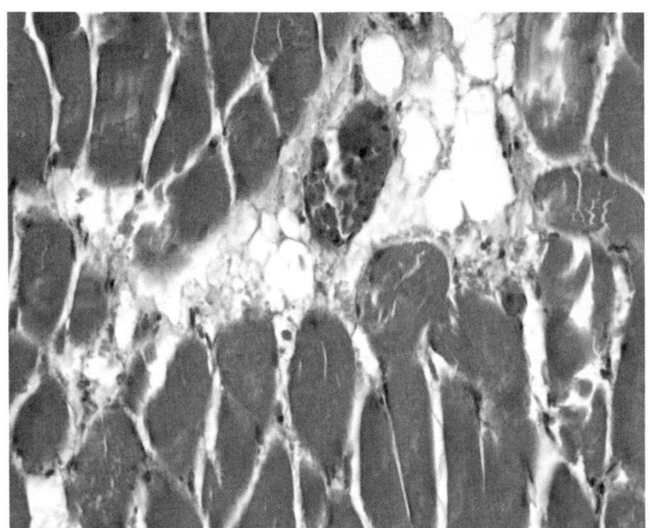

图11-18 NDV感染鸡腓肠肌2（HE染色，400倍）

扫码看彩图

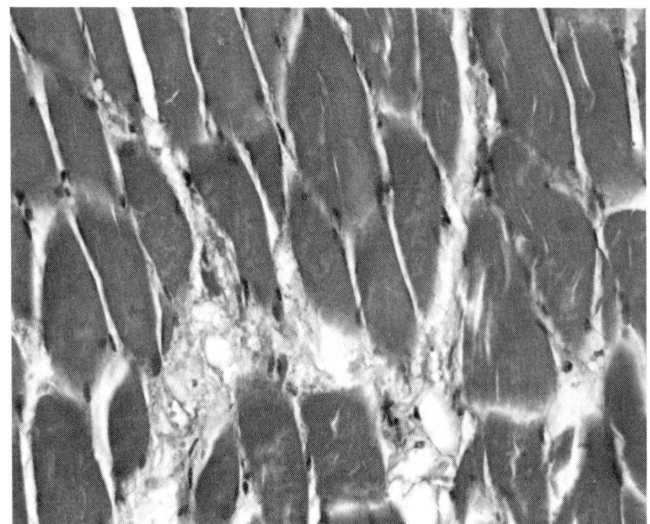

图11-19 NDV感染鸡腓肠肌3（HE染色，400倍）

扫码看彩图

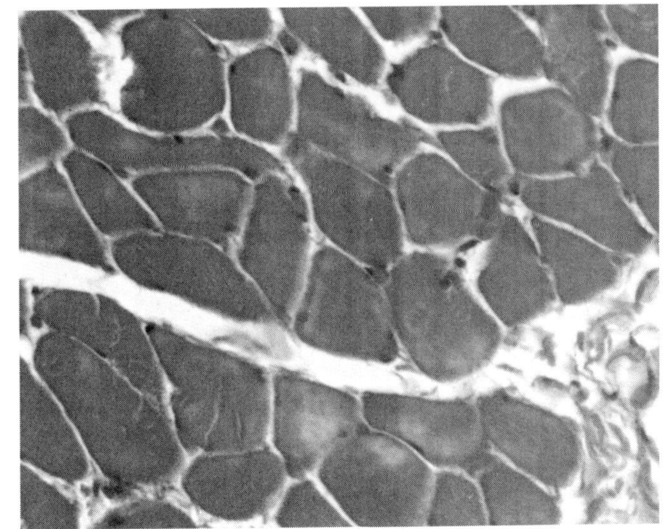

图11-20 NDV感染鸡腓肠肌4（HE染色，400倍）

扫码看彩图

二、心肌

由心肌细胞构成的一种肌肉组织，主要分布于心脏和近心脏的大血管。

细胞呈不规则的短圆柱状，有的有分支；多数只有1个细胞核，少数有2个细胞核，位于细胞中央。细胞也有周期性横纹，肌原纤维位于细胞核周边，通过闰盘相互连接。NDV感染鸡心房心肌纤维断裂，间隙增大，心肌纤维排列紊乱，多处出现断端，淋巴细胞炎性浸润；心室心肌纤维排列紊乱，毛细血管扩张充血，血管壁外水肿（图11-21、图11-22）。

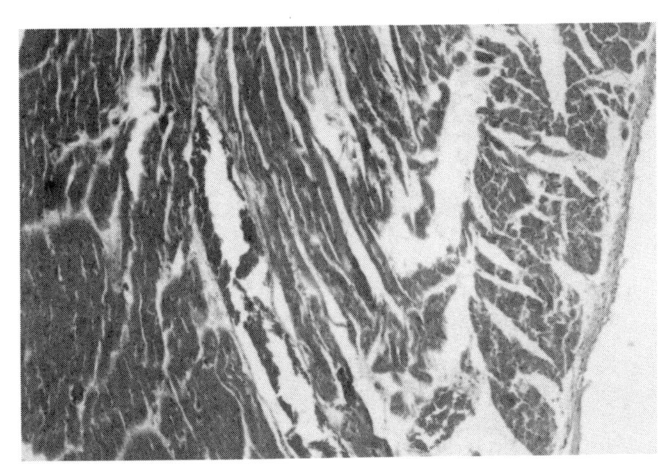

图11-21 NDV感染鸡左心房肌（HE染色，100倍）

扫码看彩图

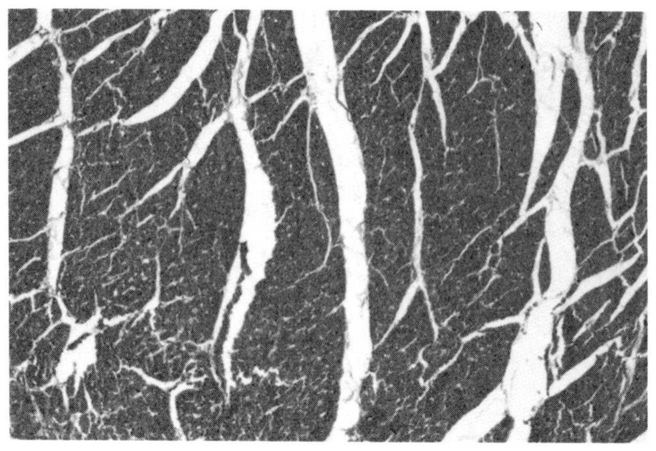

图11-22 NDV感染鸡左心室肌（HE染色，100倍）

扫码看彩图

三、平滑肌

平滑肌广泛分布于血管、食管、淋巴管、肠等中空性器官管壁的肌层和肺内各级支气管管壁。细胞呈扁平的长梭形，可随器官活动发生扭曲等形状改变。细胞表面无横纹，细胞质嗜酸性；每个细胞有一个呈杆状或椭圆形的细胞核。NDV感染鸡主动脉壁平滑肌排列稍凌乱，细胞黏液变性（图11-23）。

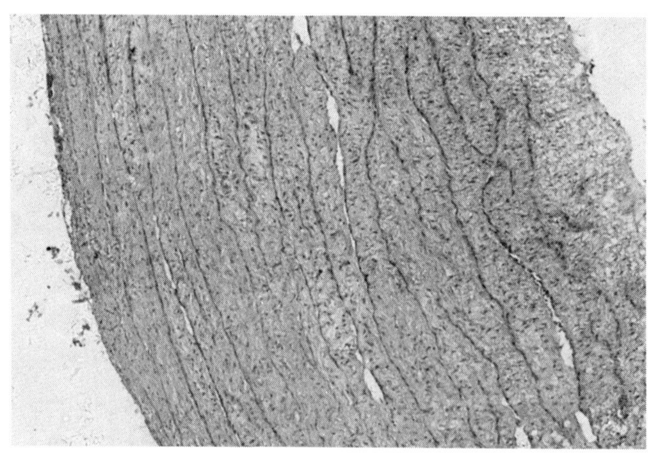

图11-23 NDV感染鸡平滑肌（HE染色，100倍）

扫码看彩图

第十二章　消化系统病理组织学诊断

鸡新城疫病病毒对消化系统口腔、咽、食管、嗉囊、腺胃、肌胃、小肠、大肠和泄殖腔黏膜组织细胞具有较强的侵染能力，引起不同程度的病理损伤。

一、口腔

位于消化道前端，向后通食管；由喙、腭、颊和口腔底壁围成，容纳舌，无齿。

二、咽

NDV感染鸡咽部间质充血、水肿、淋巴细胞浸润（图12-1 ～图12-4）。

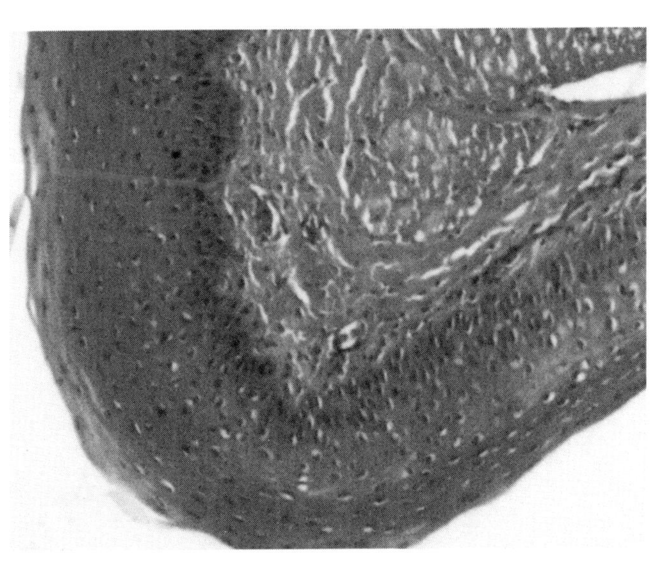

图12-1　NDV感染鸡咽1（HE染色，100倍）

扫码看彩图

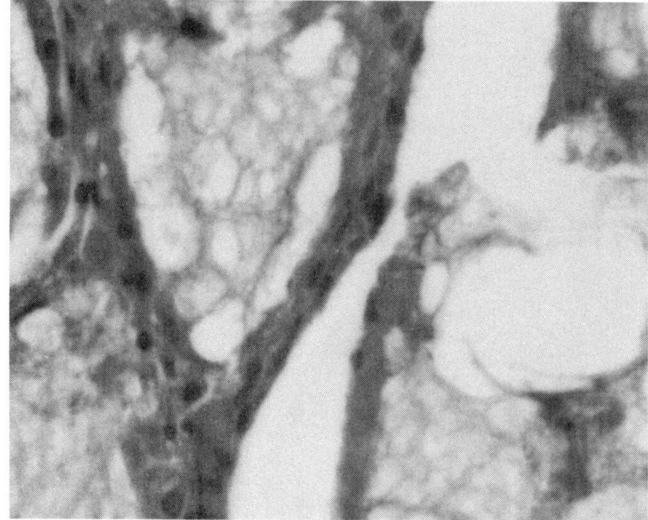

图12-2 NDV感染鸡咽2（HE染色，400倍）

扫码看彩图

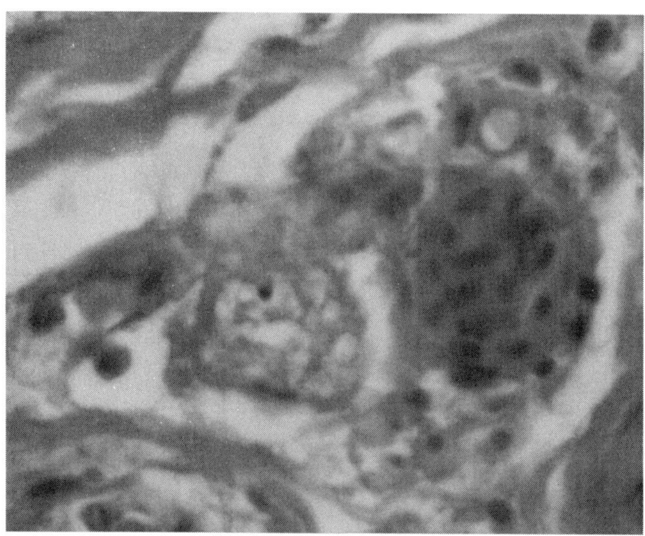

图12-3 NDV感染鸡咽3（HE染色，400倍）

扫码看彩图

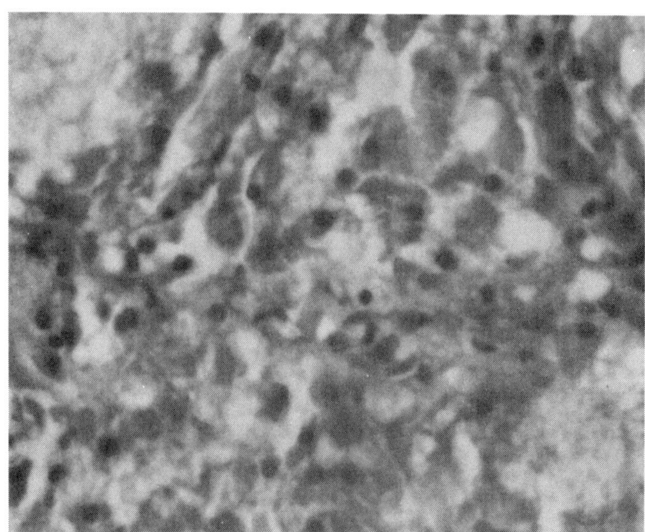

图12-4 NDV感染鸡咽4（HE染色，400倍）

扫码看彩图

三、食管

食管壁结构包括由内至外的黏膜、肌层和外膜三层。

NDV感染鸡颈部食管黏膜上皮崩解、坏死，黏膜下层细胞空泡变性，固有层微血管显著扩张、充血。胸部食管黏膜炎性细胞浸润（图12-5～图12-8）。

四、嗉囊

嗉囊壁结构包括由内至外的黏膜、肌层和外膜三层。NDV感染鸡嗉囊黏膜上皮崩解、坏死，黏膜下层血管扩张充血，极度水肿（图12-9～图12-12）。

NDV感染鸡胸段食管病变见图12-13和图12-14。

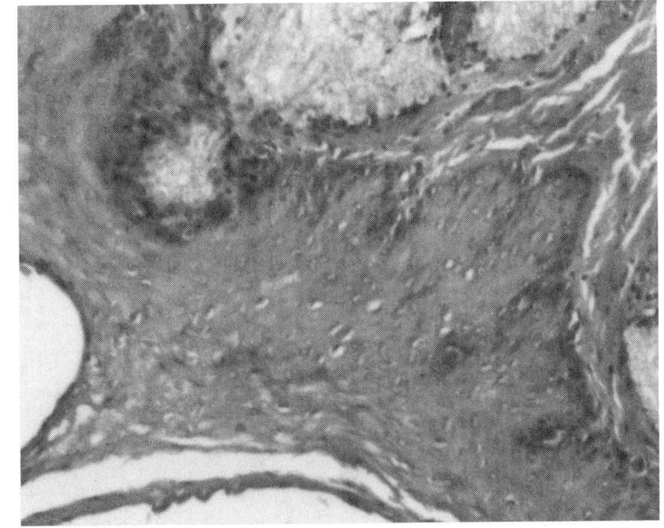

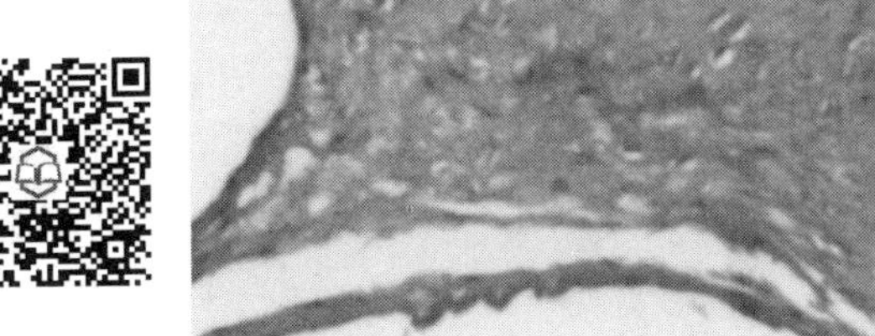

图12-5 NDV感染鸡食管1（HE染色，100倍）

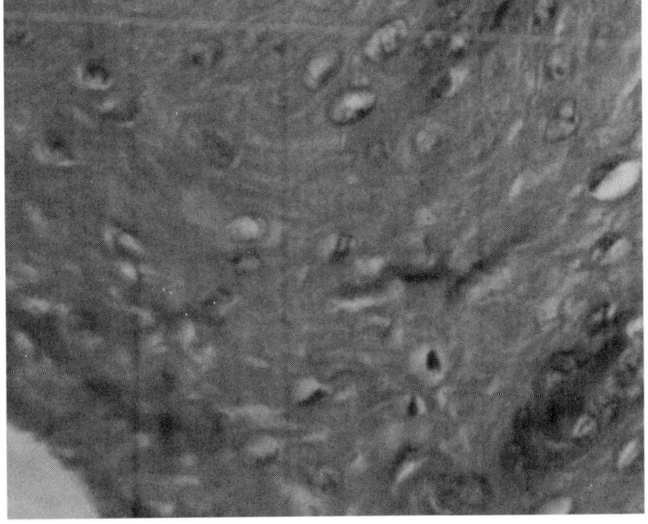

图12-6 NDV感染鸡食管2（HE染色，400倍）

扫码看彩图

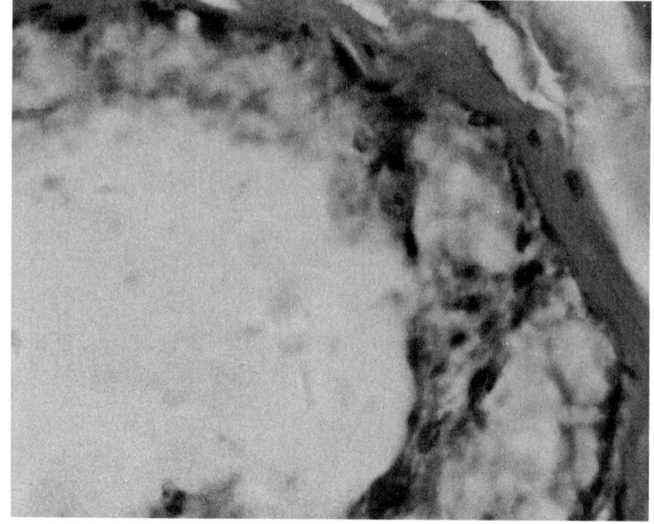

图12-7　NDV感染鸡食管3
（HE染色，400倍）

扫码看彩图

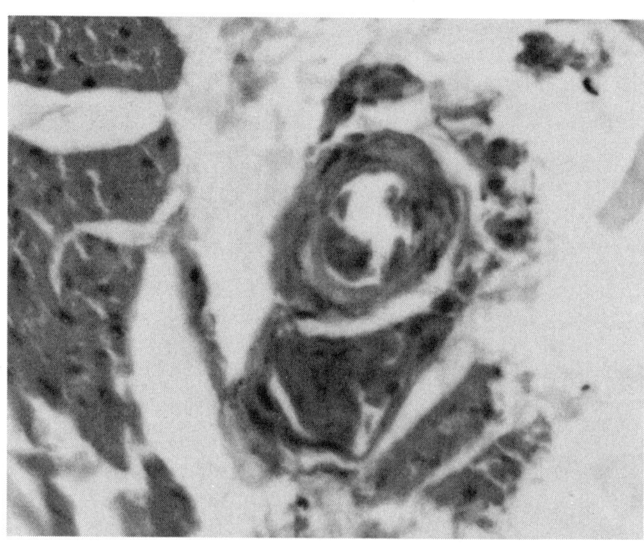

图12-8　NDV感染鸡食管4
（HE染色，400倍）

扫码看彩图

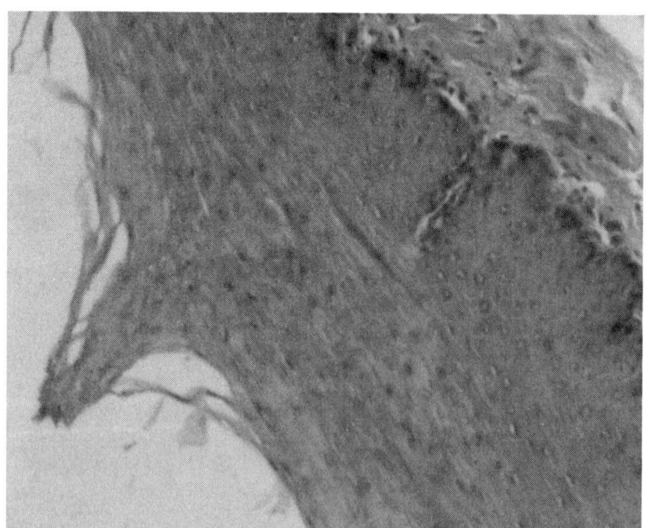

图12-9　NDV感染鸡嗉囊1
（HE染色，100倍）

扫码看彩图

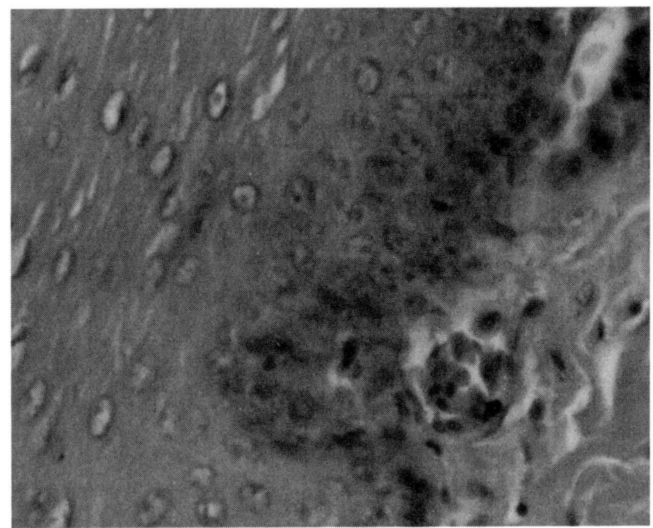

图12-10　NDV感染鸡嗉囊2
（HE染色，400倍）

扫码看彩图

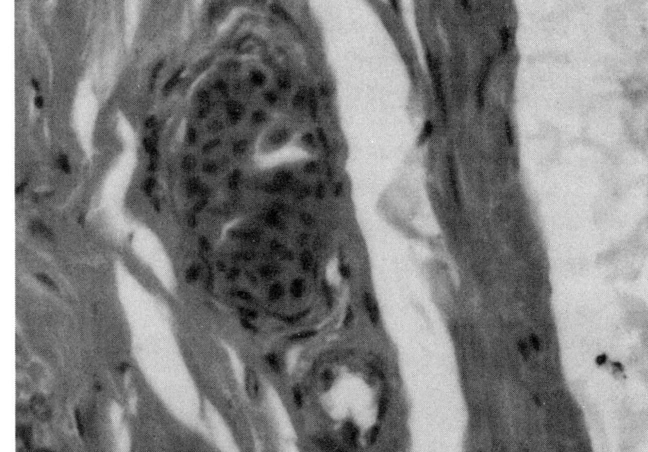

图12-11　NDV感染鸡嗉囊3
（HE染色，400倍）

扫码看彩图

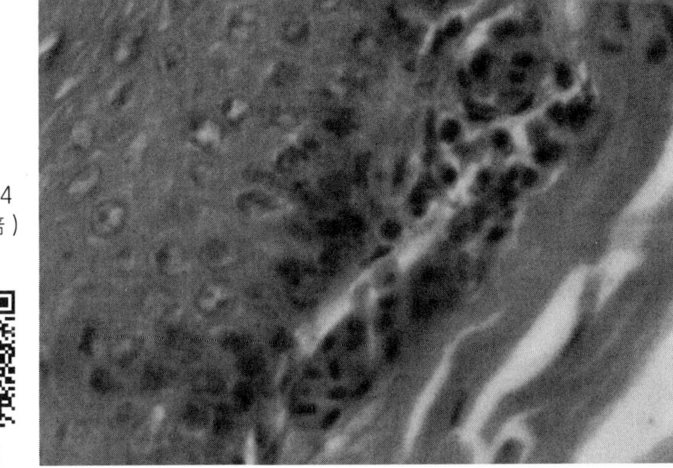

图12-12　NDV感染鸡嗉囊4
（HE染色，400倍）

扫码看彩图

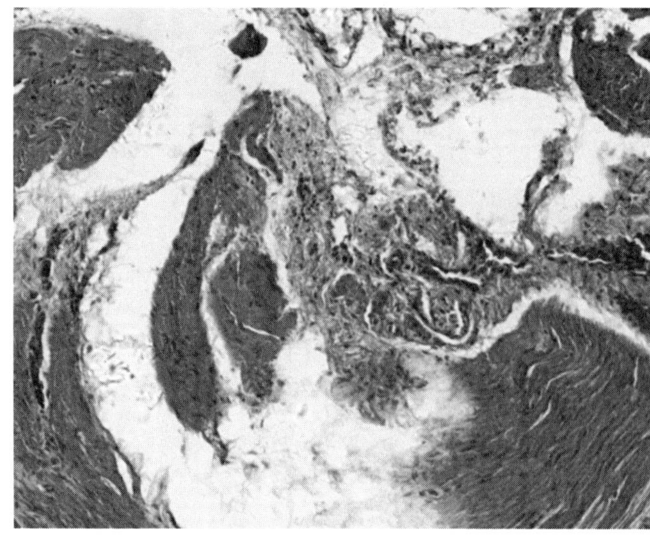

图12-13 NDV感染鸡胸段食管1（HE染色，100倍）

扫码看彩图

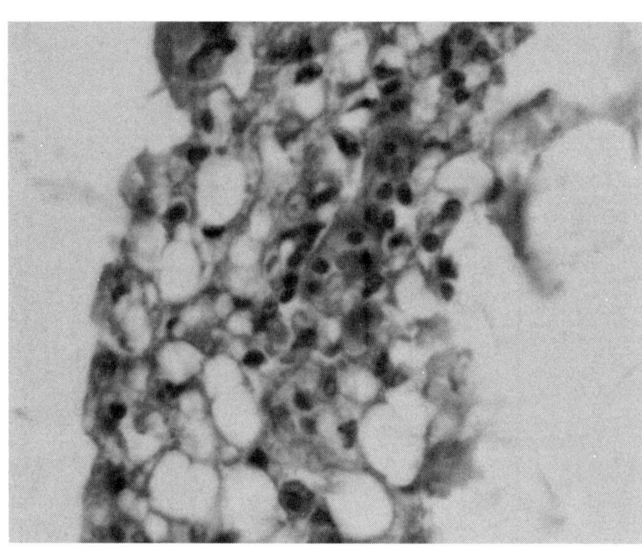

图12-14 NDV感染鸡胸段食管2（HE染色，400倍）

扫码看彩图

五、胃

1.腺胃

腺胃呈纺锤形，位于肌胃前部，又称前胃。腺胃由内至外包括黏膜、黏膜下层、肌层和外膜四层结构。NDV感染鸡腺胃黏膜上皮脂肪变性、崩解、坏死，黏膜下间质毛细血管扩张、充血（图12-15 ～图12-18）。

2.肌胃

位于腺胃后方，俗称胗、肫，表面被覆白色闪光的腱膜形成腱镜。肌胃胃壁由内至外分为黏膜、黏膜下层、肌层和外膜。NDV感染鸡肌胃黏膜上皮萎缩，肌纤维排列凌乱，肌纤维核消失，间质水肿。腺体杯状细胞增多（图12-19 ～图12-22）。

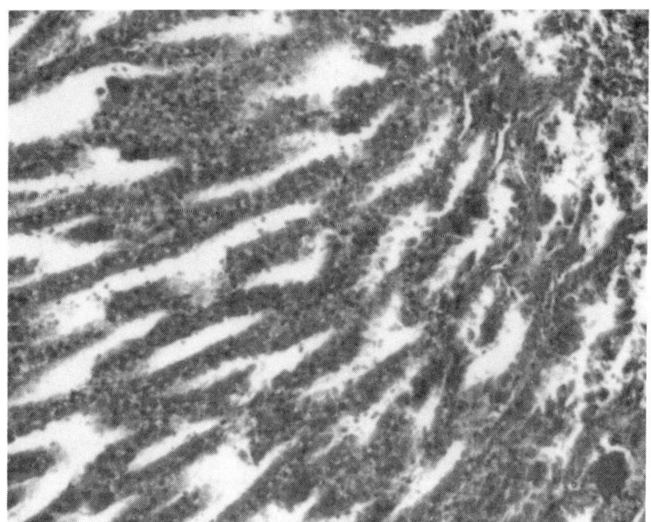

图12-15 NDV感染鸡腺胃1（HE染色，100倍）

扫码看彩图

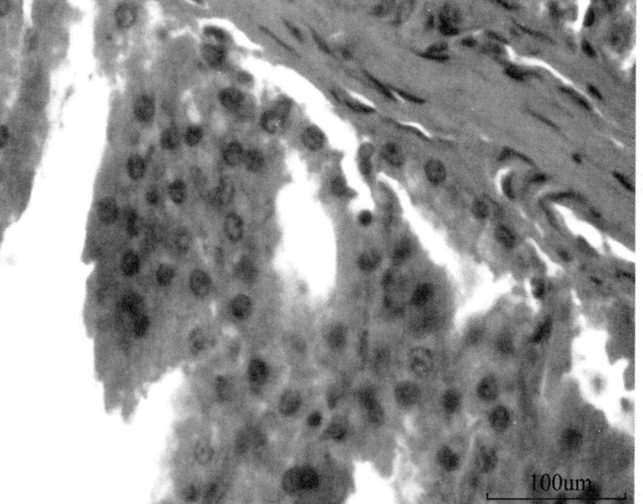

图12-16 NDV感染鸡腺胃2（HE染色，400倍）

扫码看彩图

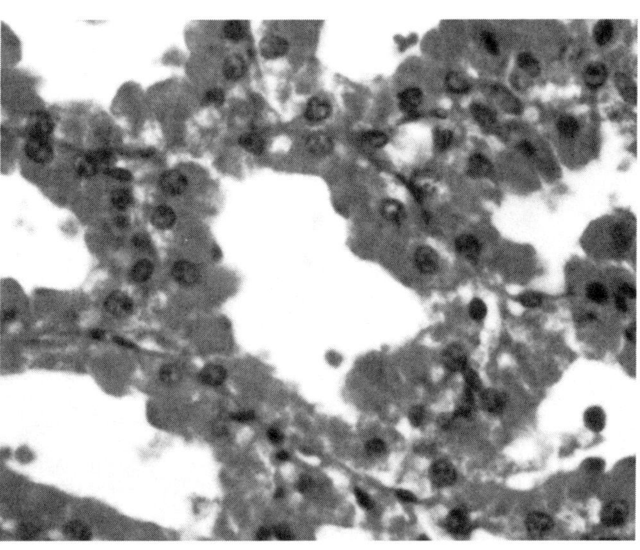

图12-17 NDV感染鸡腺胃3（HE染色，400倍）

扫码看彩图

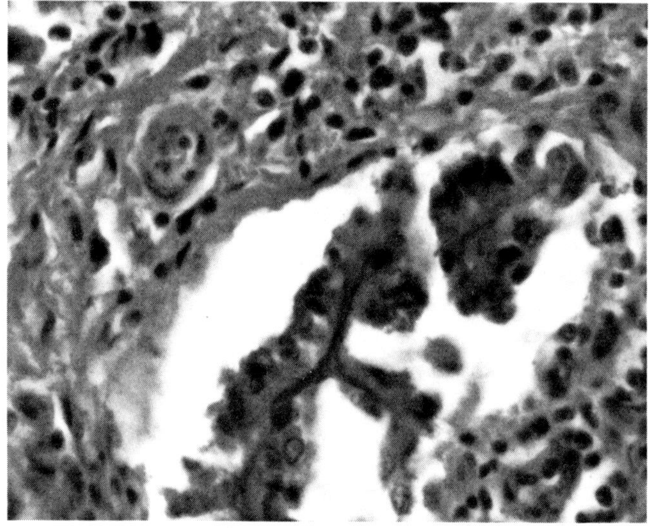

图12-18 NDV感染鸡腺胃4（HE染色，400倍）

扫码看彩图

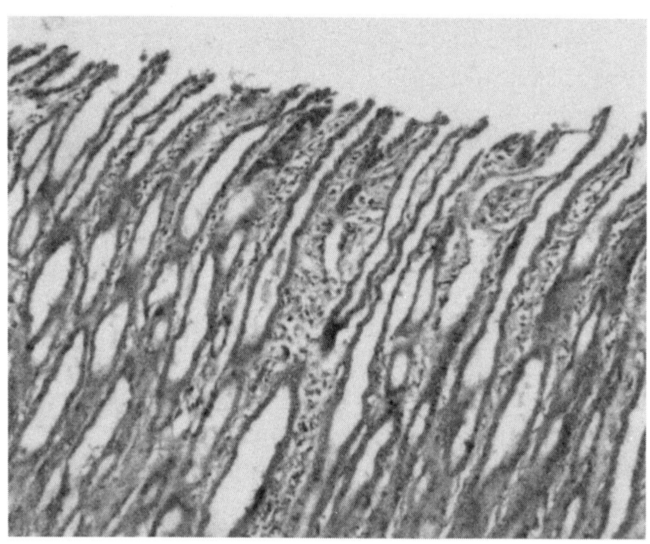

图12-19 NDV感染鸡肌胃1（HE染色，100倍）

扫码看彩图

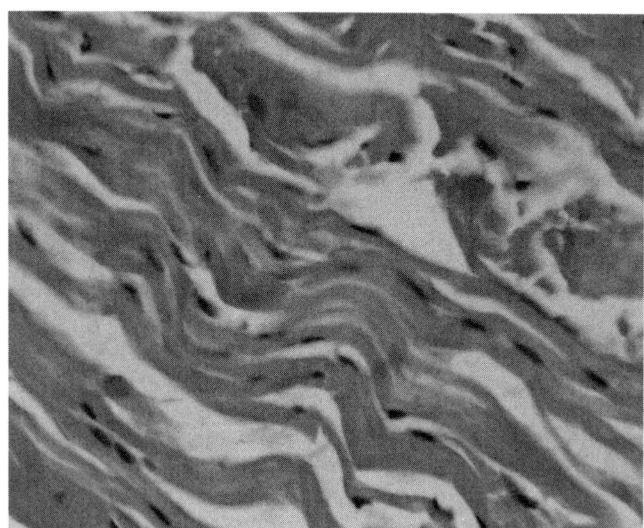

图12-20 NDV感染鸡肌胃2（HE染色，400倍）

扫码看彩图

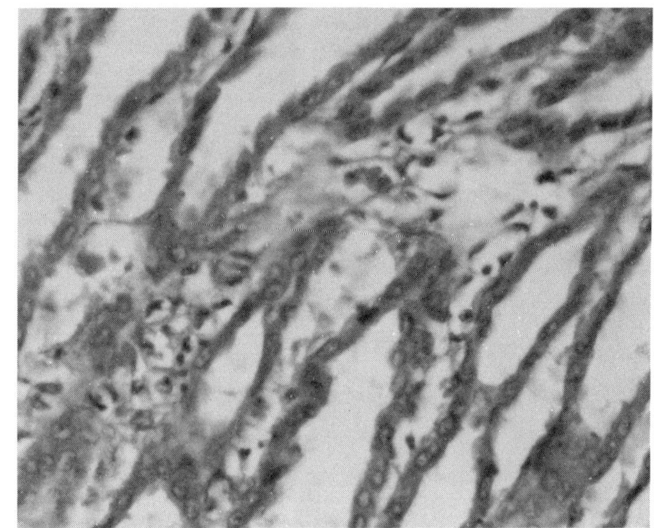

图12-21 NDV感染鸡肌胃3（HE染色，400倍）

扫码看彩图

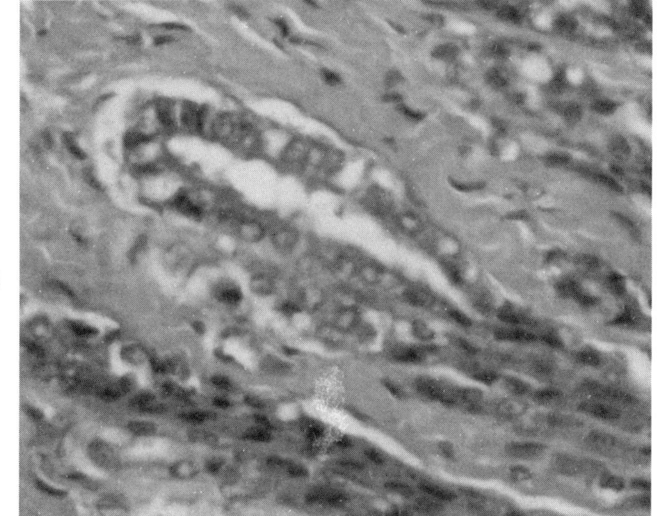

图12-22 NDV感染鸡肌胃4（HE染色，400倍）

扫码看彩图

六、肠

肠包括小肠和大肠。

1.小肠

小肠分为十二指肠、空肠和回肠。

NDV感染鸡十二指肠降部内大量淋巴细胞浸润，肠绒毛柱状上皮细胞崩解坏死，肠绒毛结构被破坏、黏膜下层毛细血管扩张充血，纵肌层平滑肌细胞颗粒变性、脂肪变性、崩解，崩解坏死的黏膜有以大量淋巴细胞为主的炎性细胞浸润。十二指肠中段黏膜崩解、坏死，淋巴细胞浸润（图12-23～图12-30）。

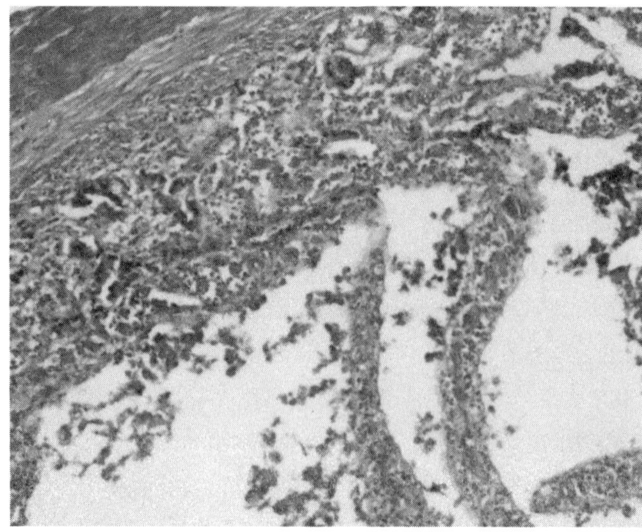

图12-23 NDV感染鸡十二指肠降部1（HE染色，100倍）

扫码看彩图

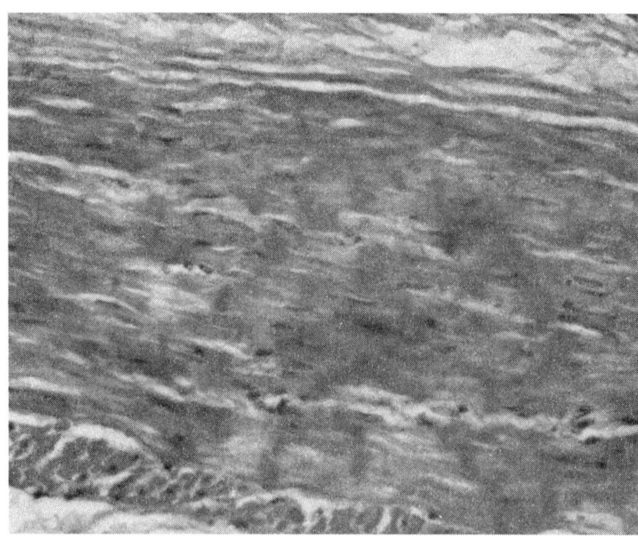

图12-24 NDV感染鸡十二指肠降部2（HE染色，400倍）

扫码看彩图

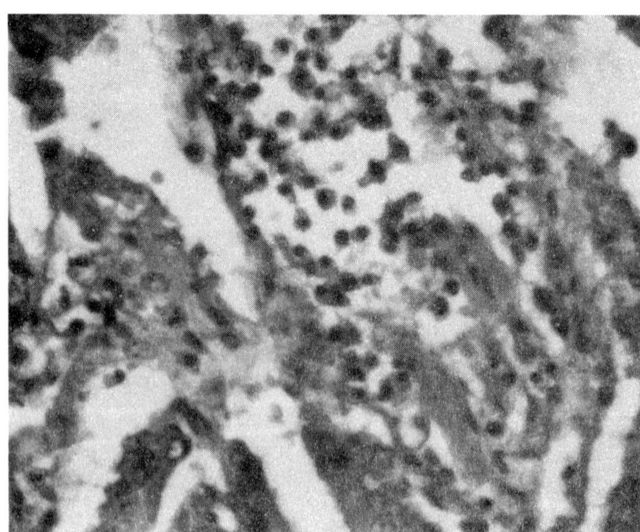

图12-25 NDV感染鸡十二指肠降部3（HE染色，400倍）

扫码看彩图

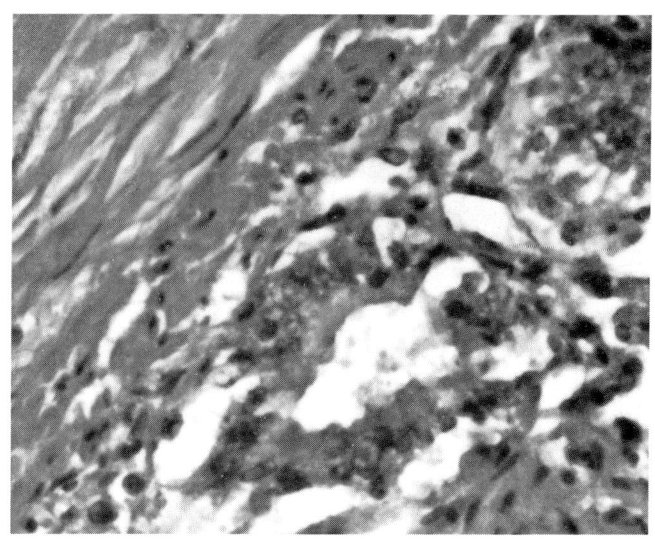

图12-26 NDV感染鸡十二指肠降部4（HE染色，400倍）

扫码看彩图

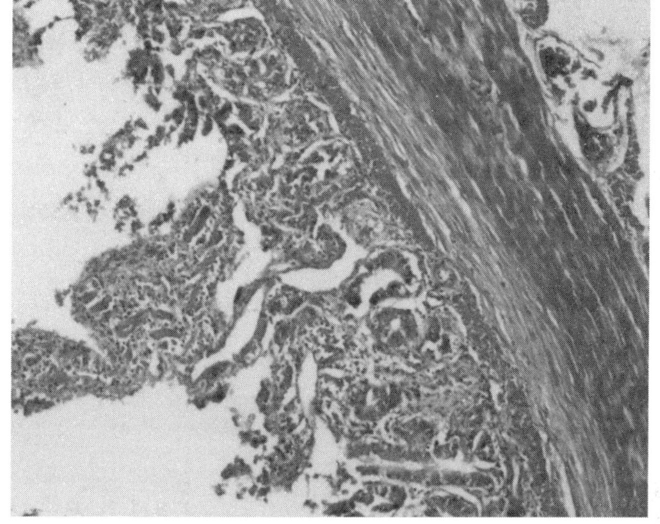

图12-27 NDV感染鸡十二指肠水平部1（HE染色，100倍）

扫码看彩图

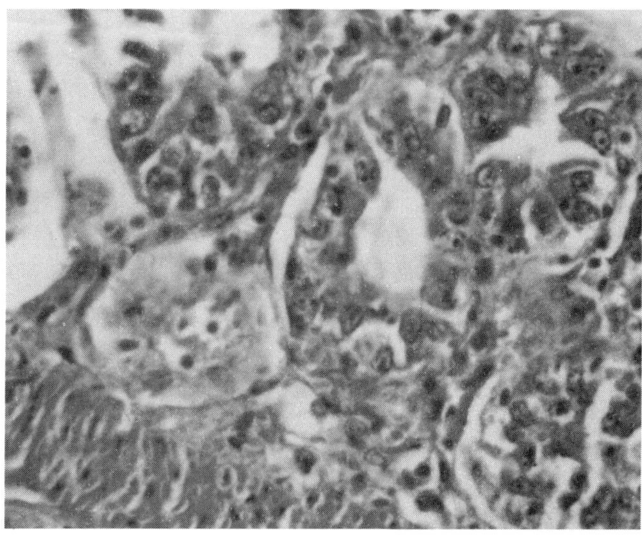

图12-28 NDV感染鸡十二指肠水平部2（HE染色，400倍）

扫码看彩图

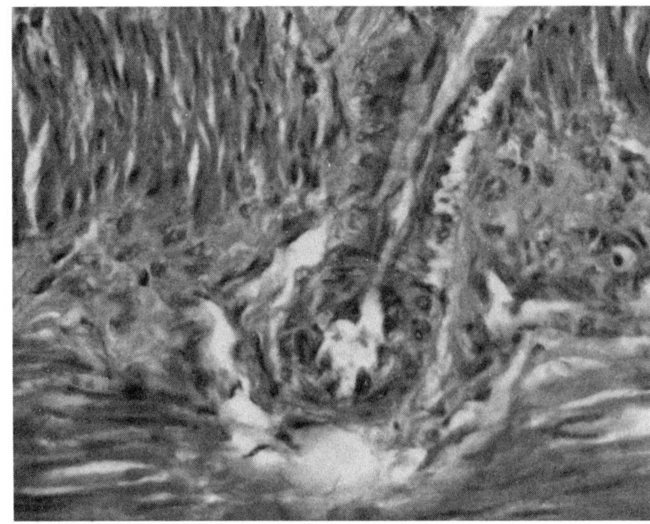

图12-29 NDV感染鸡十二指肠水平部3（HE染色，400倍）

扫码看彩图

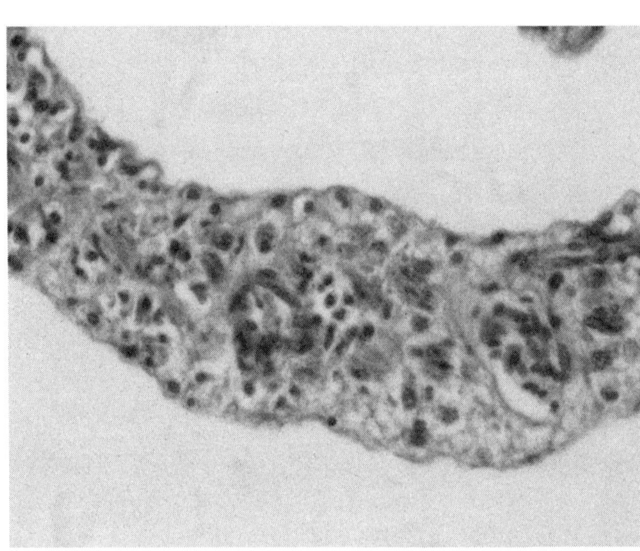

图12-30 NDV感染鸡十二指肠水平部4（HE染色，400倍）

扫码看彩图

NDV感染鸡空肠绒毛崩解、脱落，大量淋巴细胞浸润，纵肌层平滑肌细胞断裂、坏死，间质水肿（图12-31～图12-34）。

NDV感染鸡回肠肠绒毛崩解、脱落，柱状上皮脂肪变性、坏死、增生，间质成纤维细胞增生（图12-35～图12-38）。

2.大肠

由一对盲肠和一条短而直的直肠构成，回肠和直肠以盲肠开口处分界，直肠后通向泄殖腔。粪道黏膜形成低矮的绒毛，与泄殖腔以环形黏膜褶为界；粪泄殖襞后方为较短的泄殖道，有输尿管、输精管或输卵管开口。半环行黏膜褶后方为肛道，背侧壁和侧壁分别有肛道背侧腺和肛道腺。

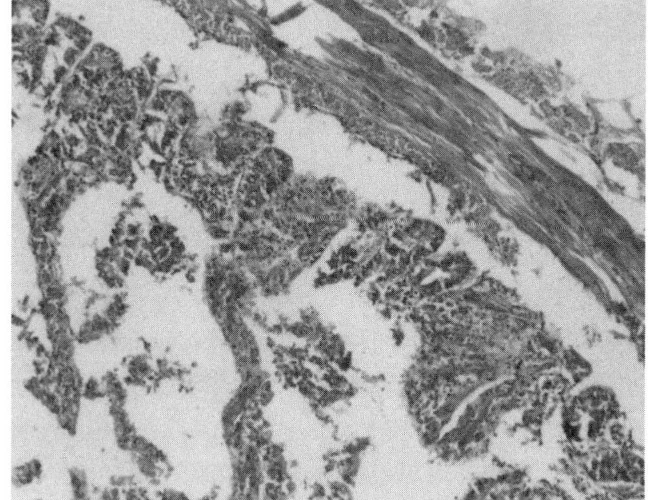

图12-31 NDV感染鸡空肠1（HE染色，100倍）

扫码看彩图

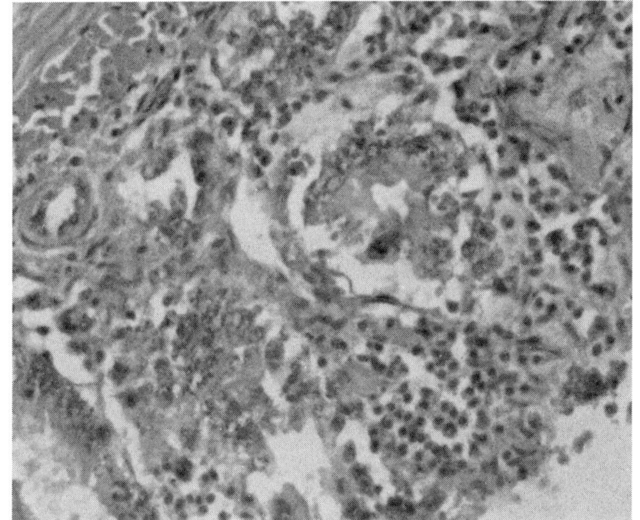

图12-32 NDV感染鸡空肠2（HE染色，400倍）

扫码看彩图

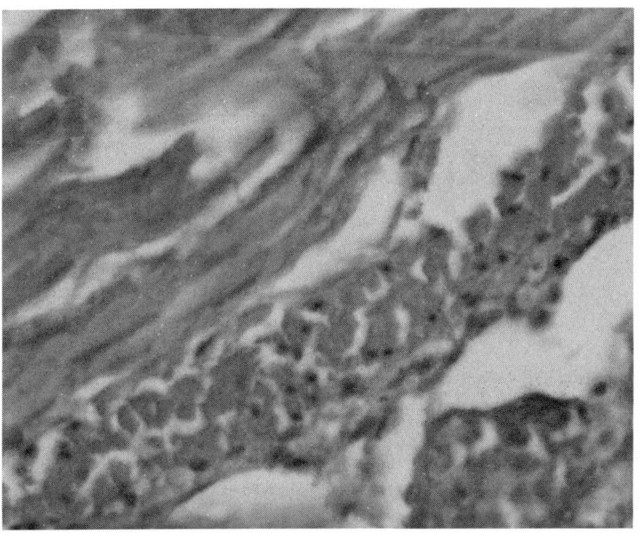

图12-33 NDV感染鸡空肠3（HE染色，400倍）

扫码看彩图

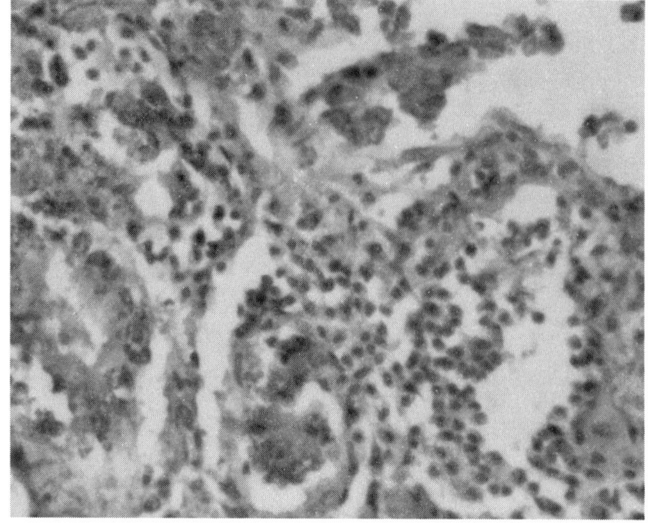

图12-34 NDV感染鸡空肠4（HE染色，400倍）

扫码看彩图

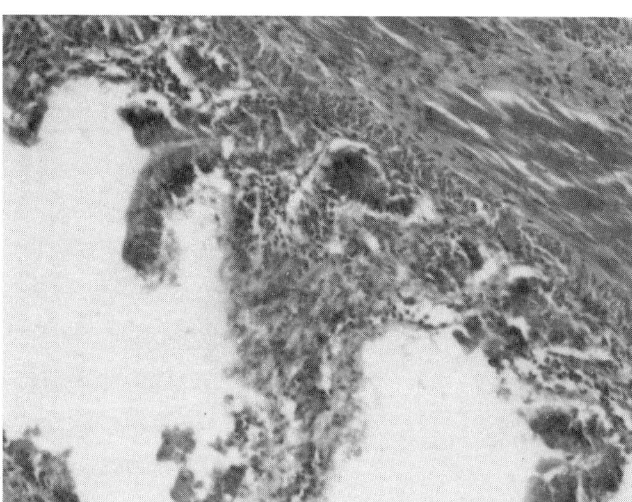

图12-35 NDV感染鸡回肠1（HE染色，100倍）

扫码看彩图

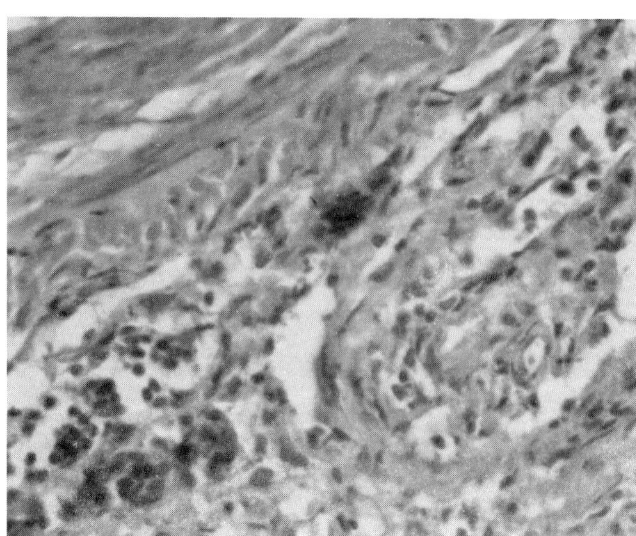

图12-36 NDV感染鸡回肠2（HE染色，400倍）

扫码看彩图

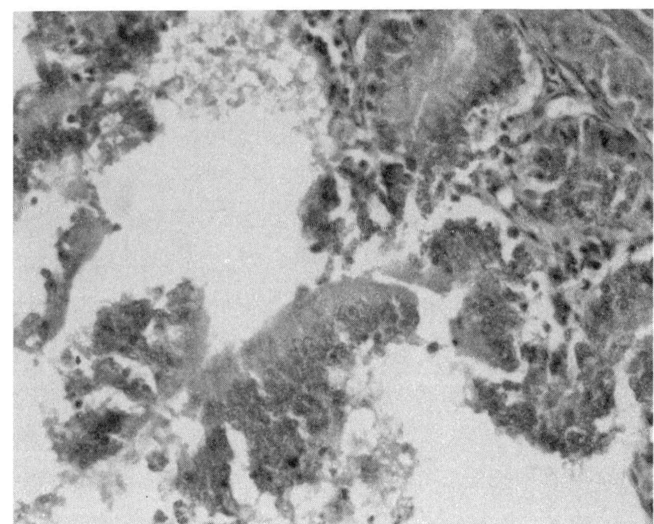

图12-37 NDV感染鸡回肠3（HE染色，400倍）

扫码看彩图

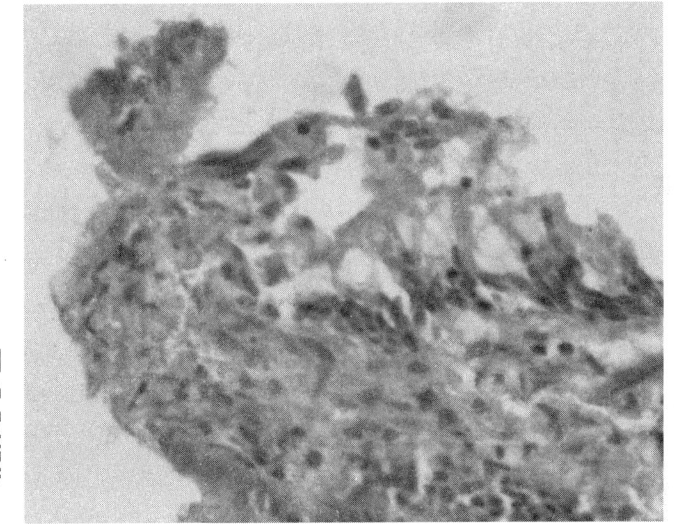

图12-38 NDV感染鸡回肠4（HE染色，400倍）

扫码看彩图

NDV感染鸡盲肠黏膜上皮脂肪变性、坏死、崩解、脱落，有大量淋巴细胞浸润（图12-39～图12-42）。

NDV感染鸡直肠黏膜上皮脂肪变性、坏死、崩解、脱落，黏膜下血管极度扩张充血、出血（图12-43～图12-46）。

NDV感染鸡泄殖腔黏膜上皮变性、坏死、崩解、脱落，黏膜下血管极度扩张充血，有大量淋巴细胞浸润（图12-47～图12-50）。

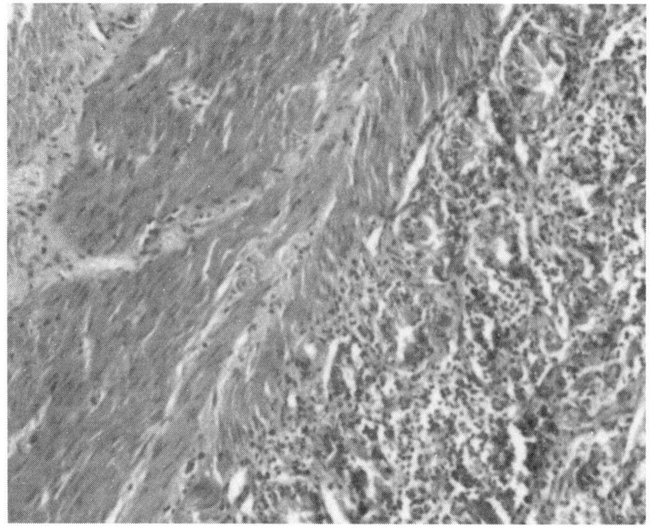

图12-39 NDV感染鸡盲肠1（HE染色，100倍）

扫码看彩图

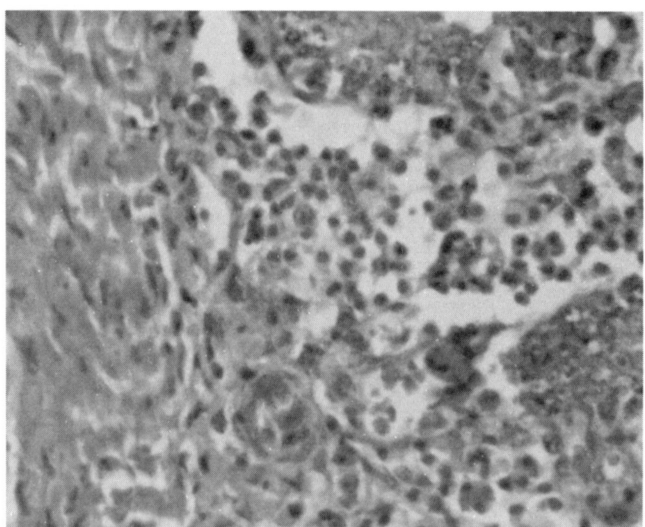

图12-40 NDV感染鸡盲肠2（HE染色，400倍）

扫码看彩图

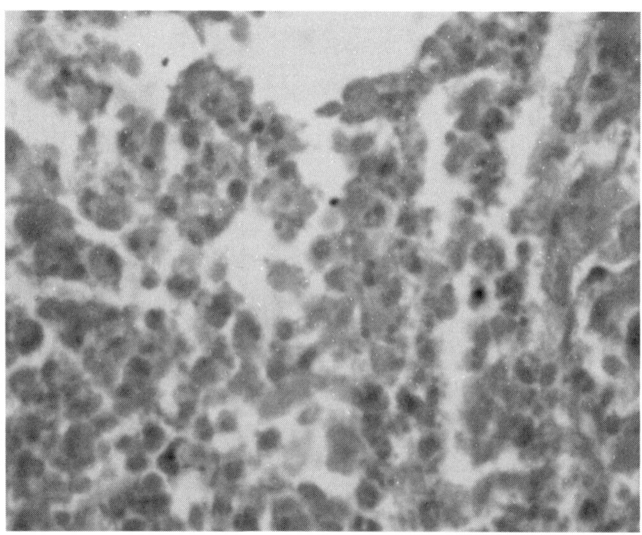

图12-41 NDV感染鸡盲肠3（HE染色，400倍）

扫码看彩图

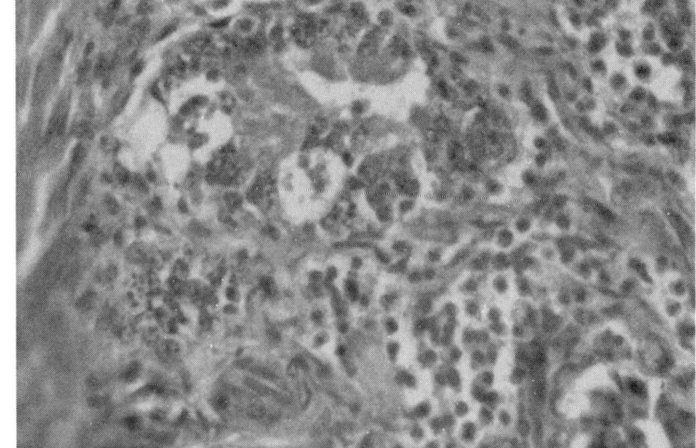

图12-42 NDV感染鸡盲肠4（HE染色，400倍）

扫码看彩图

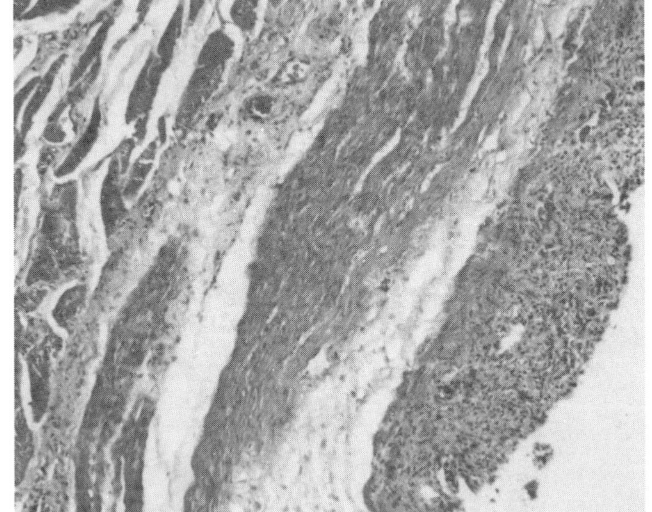

图12-43 NDV感染鸡直肠1（HE染色，100倍）

扫码看彩图

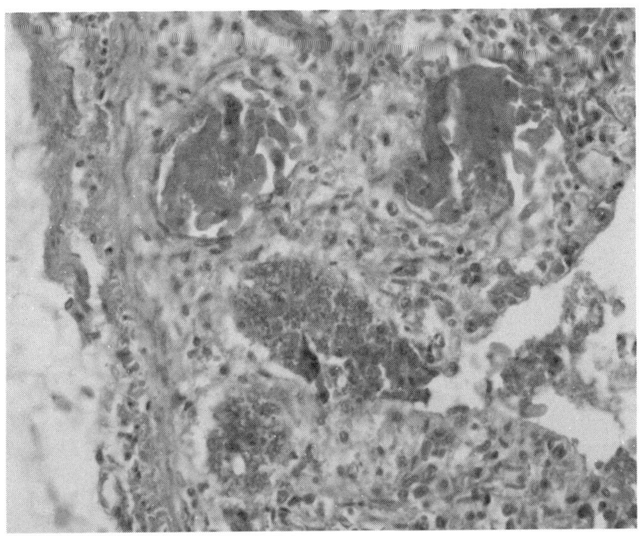

图12-44 NDV感染鸡直肠2（HE染色，400倍）

扫码看彩图

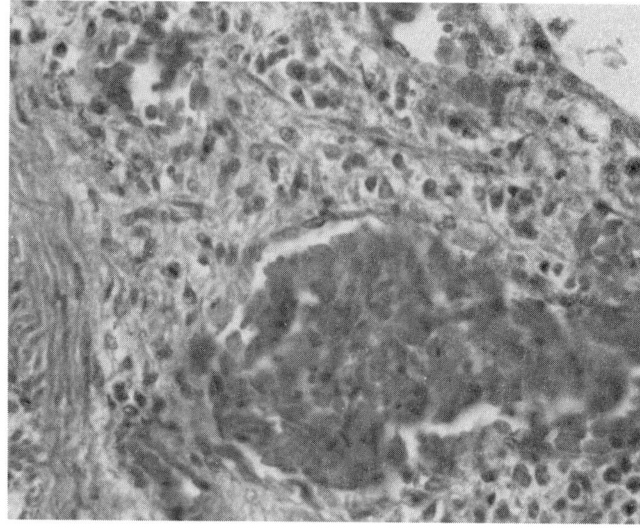

图12-45　NDV感染鸡直肠3（HE染色，400倍）

扫码看彩图

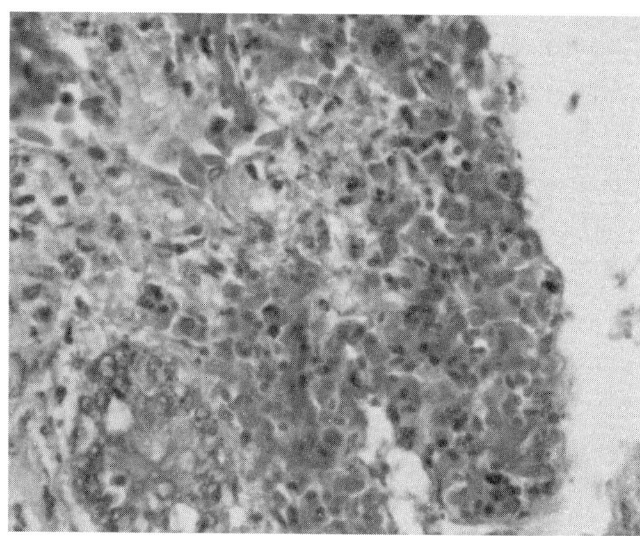

图12-46　NDV感染鸡直肠4（HE染色，400倍）

扫码看彩图

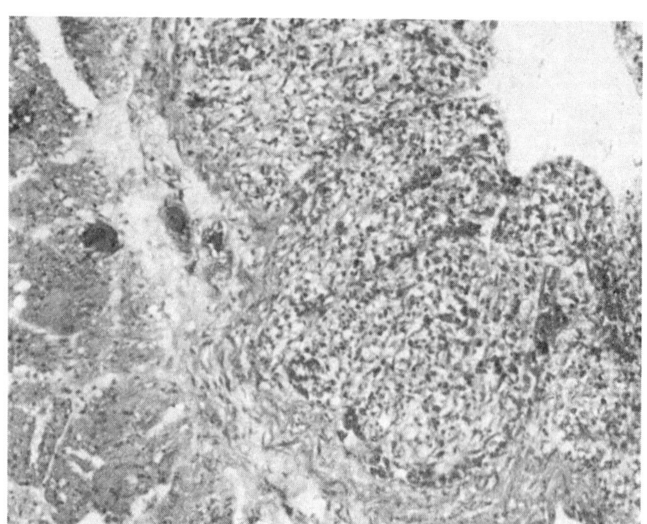

图12-47　NDV感染鸡泄殖腔1（HE染色，100倍）

扫码看彩图

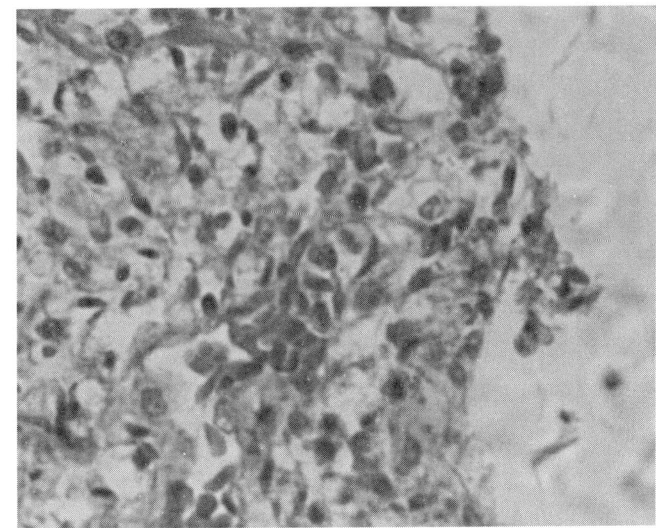

图12-48 NDV感染鸡泄殖腔2（HE染色，400倍）

扫码看彩图

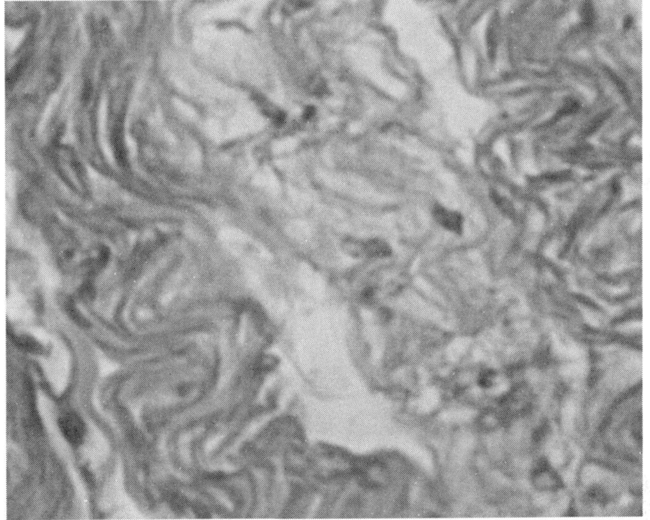

图12-49 NDV感染鸡泄殖腔3（HE染色，400倍）

扫码看彩图

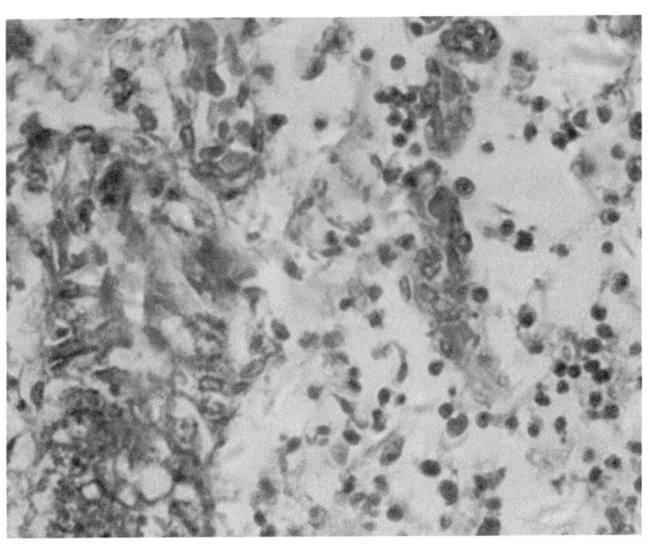

图12-50 NDV感染鸡泄殖腔4（HE染色，400倍）

扫码看彩图

七、肝脏

肝位于腹腔前部，体积较大，分为左、右两肝叶。肝脏右叶的脏面有胆囊。肝表面被覆浅层的浆膜和深层的纤维膜。纤维膜经肝门伸入肝内形成小叶间隔，将肝分成许多边界不明显的肝小叶。门管区有小叶间动脉、小叶间静脉和小叶间胆管。肝小叶为肝脏的结构和功能单位，由位于中央的中央静脉、呈辐射状排列的肝细胞和血窦组成。NDV感染鸡中央静脉、肝血窦严重淤血，肝血窦四周、微动脉壁周围大量淋巴细胞浸润；肝脂肪变性，胞浆内分布大小不等的脂肪性空泡结构，严重的融合成一个大空泡，核被挤压于一侧，细胞界限模糊；肝细胞坏死，细胞核破碎、浓缩、消失。胆囊壁黏膜上皮细胞肿胀、黏液腺泡萎缩（图12-51 ～图12-66）。

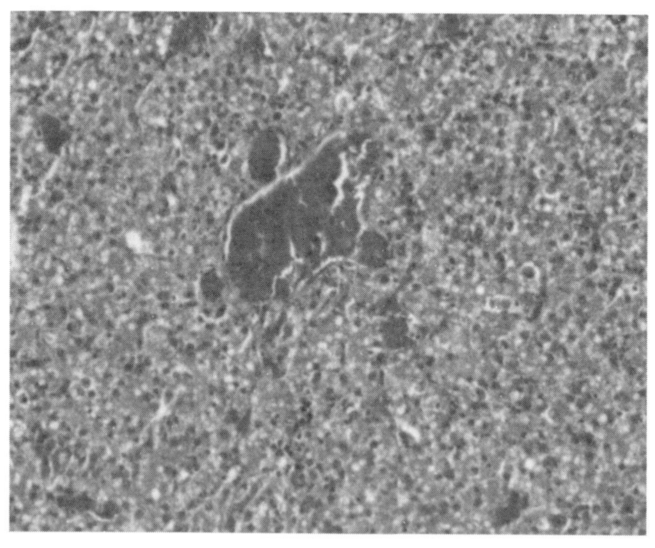

图12-51 NDV感染鸡左肝1（HE染色，100倍）

扫码看彩图

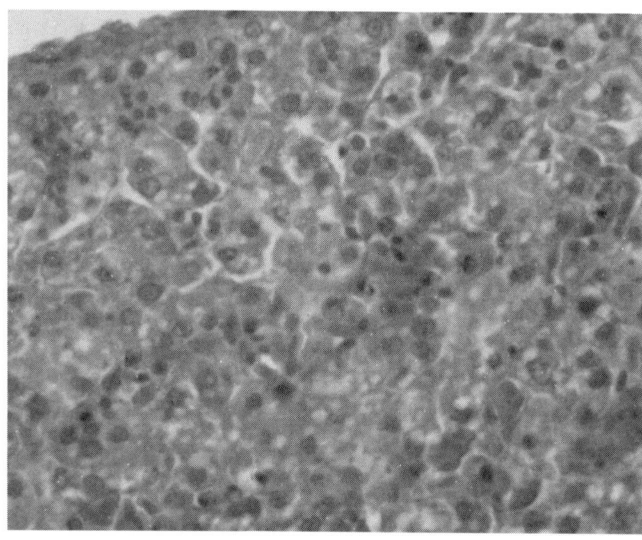

图12-52 NDV感染鸡左肝2（HE染色，400倍）

扫码看彩图

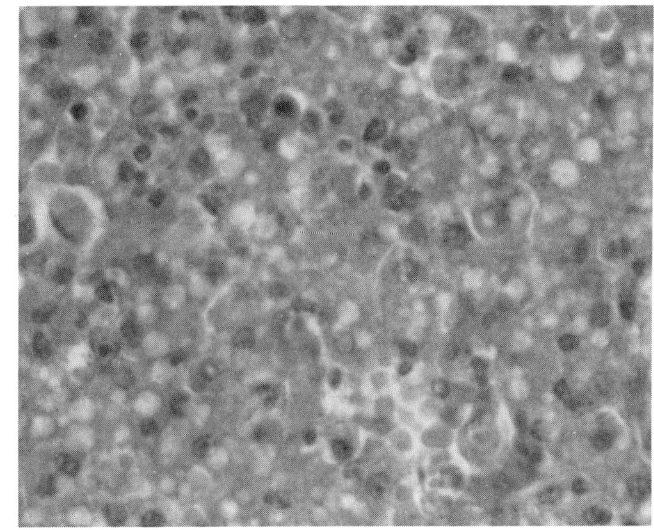

图12-53 NDV感染鸡左肝3（HE染色，400倍）

扫码看彩图

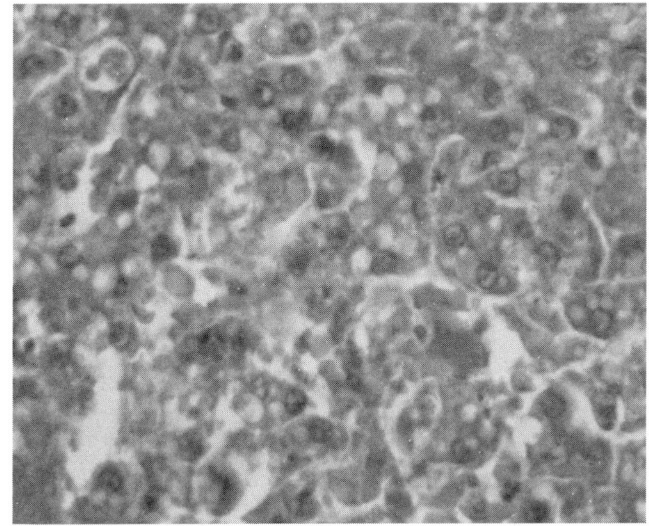

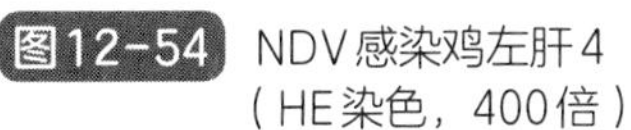

图12-54 NDV感染鸡左肝4（HE染色，400倍）

扫码看彩图

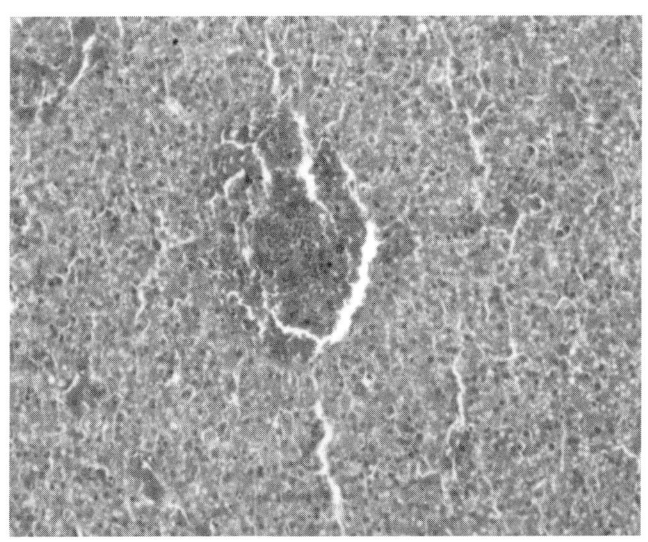

图12-55 NDV感染鸡右肝1（HE染色，100倍）

扫码看彩图

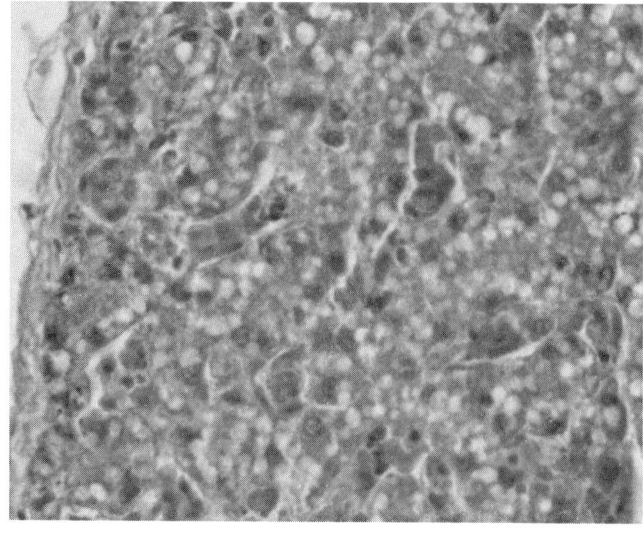

图12-56 NDV感染鸡右肝2（HE染色，400倍）

扫码看彩图

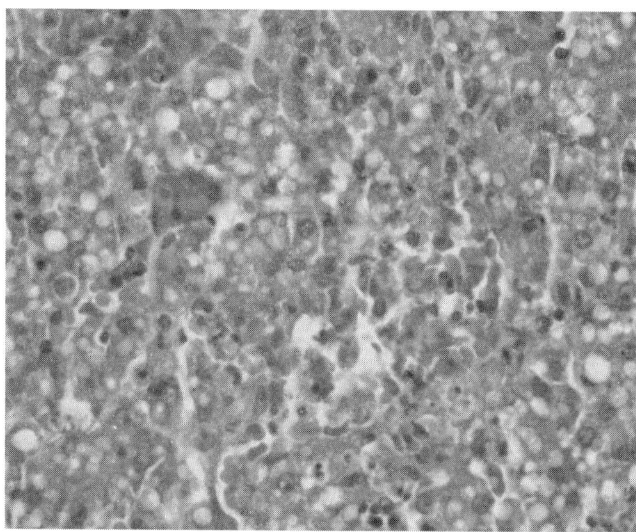

图12-57 NDV感染鸡右肝3（HE染色，400倍）

扫码看彩图

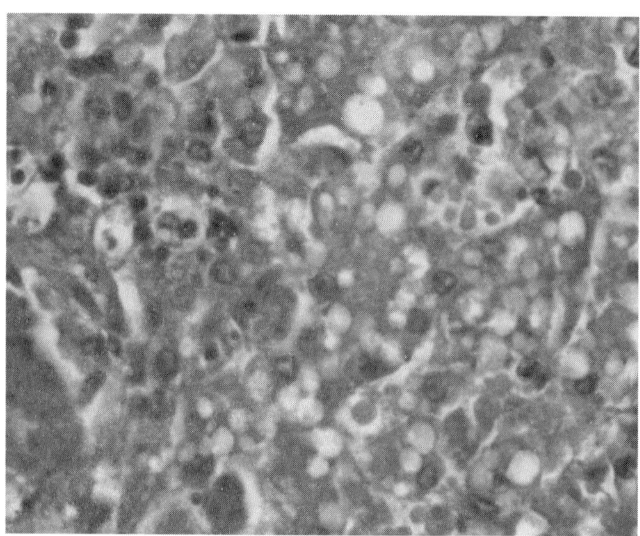

图12-58 NDV感染鸡右肝4（HE染色，400倍）

扫码看彩图

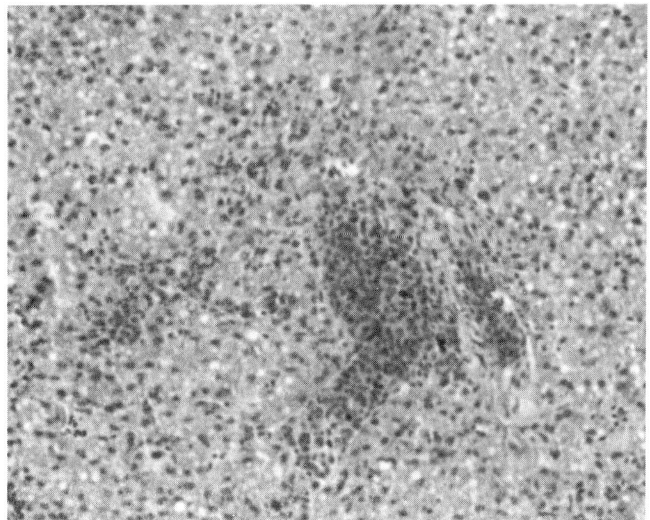

图12-59 NDV感染鸡肝门1
（HE染色，100倍）

扫码看彩图

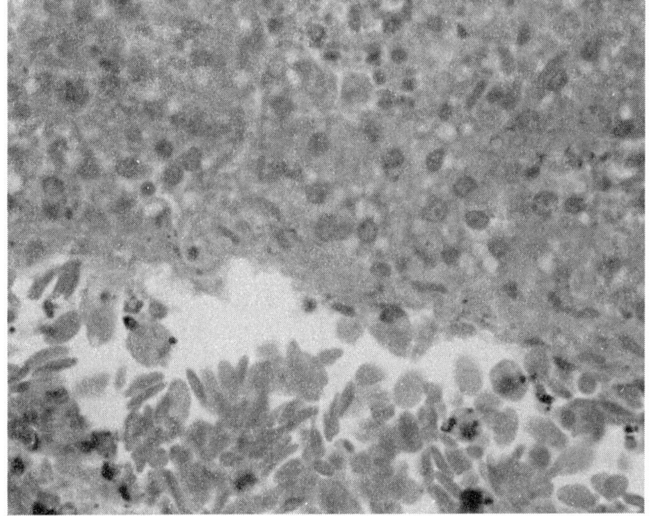

图12-60 NDV感染鸡肝门2
（HE染色，400倍）

扫码看彩图

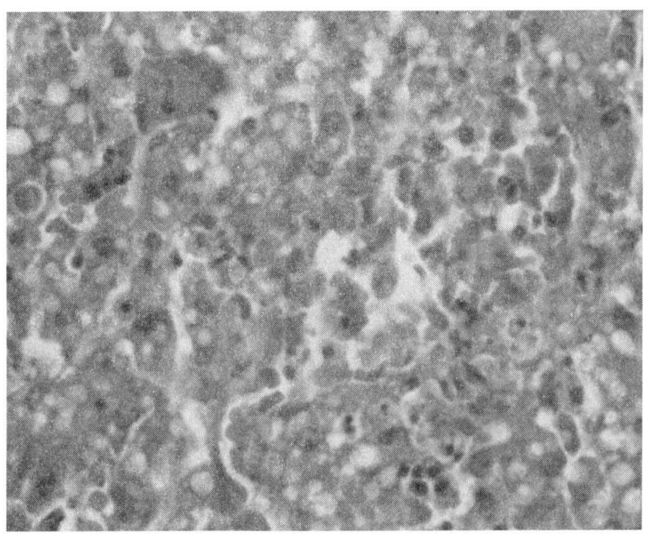

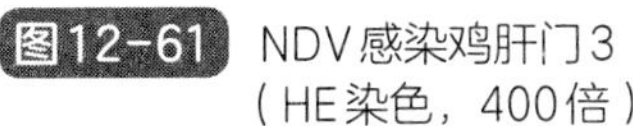

图12-61 NDV感染鸡肝门3
（HE染色，400倍）

扫码看彩图

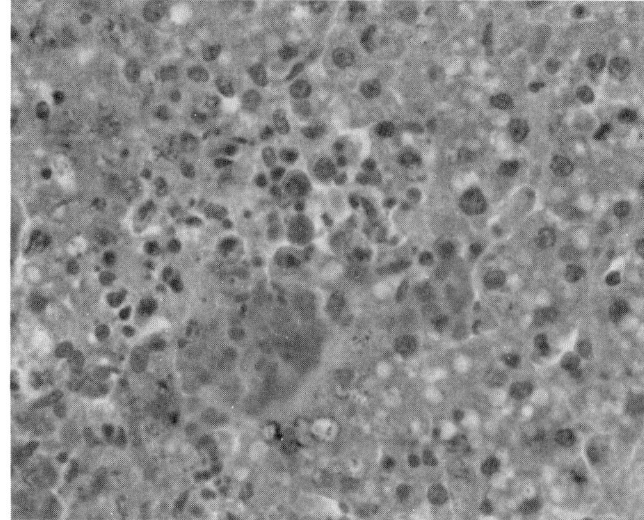

图12-62 NDV感染鸡肝门4（HE染色400倍）

扫码看彩图

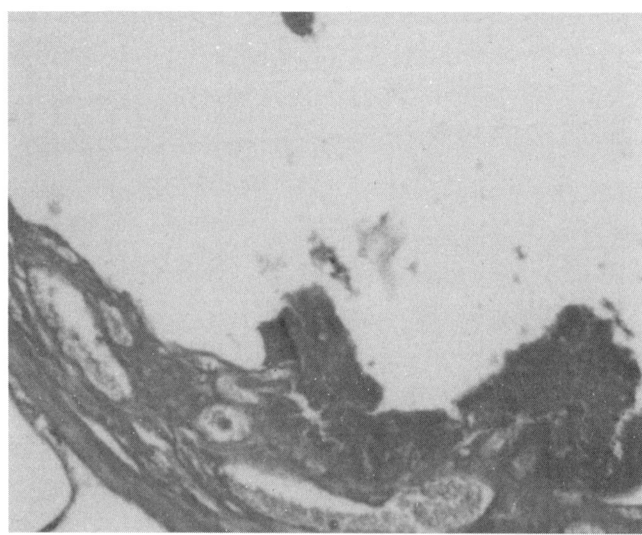

图12-63 NDV感染鸡胆囊1（HE染色，100倍）

扫码看彩图

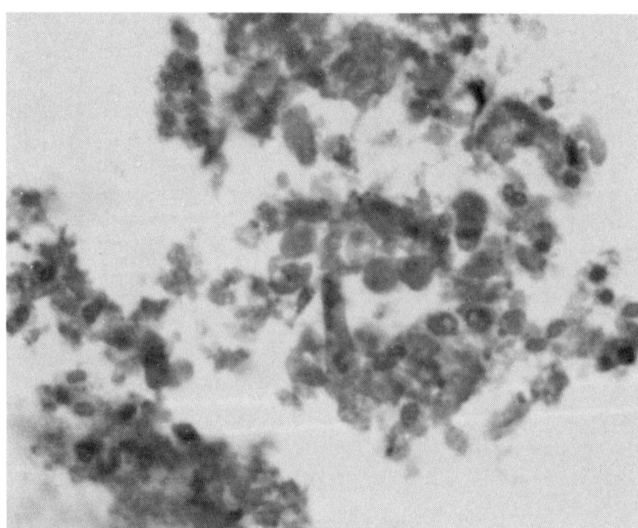

图12-64 NDV感染鸡胆囊2（HE染色，400倍）

扫码看彩图

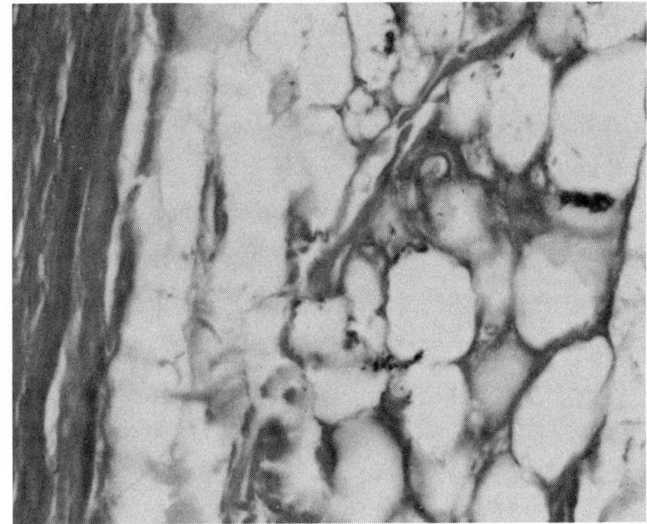

图12-65 NDV感染鸡胆囊3（HE染色，400倍）

扫码看彩图

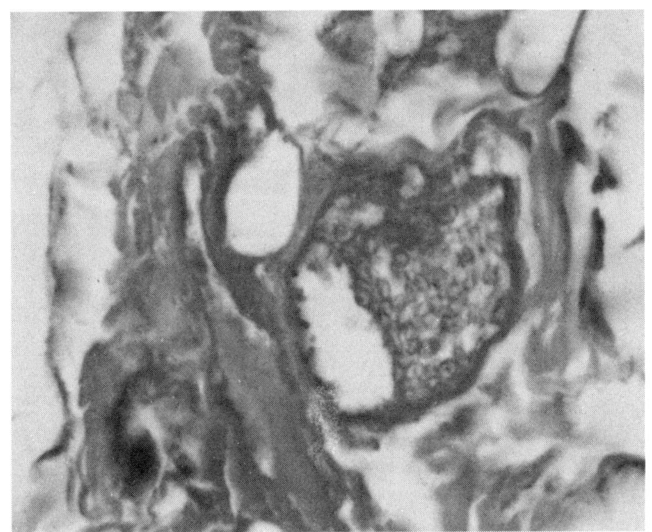

图12-66 NDV感染鸡胆囊4（HE染色，400倍）

扫码看彩图

八、胰腺

胰为呈黄色或淡红色的长条形腺体，夹于十二指肠袢内，分为背叶、腹叶和较小的脾叶。

NDV感染鸡胰腺血管扩张充血，腺泡上皮脂肪变性、坏死，腺泡结构被破坏。腺小管上皮细胞增生、坏死（图12-67～图12-74）。

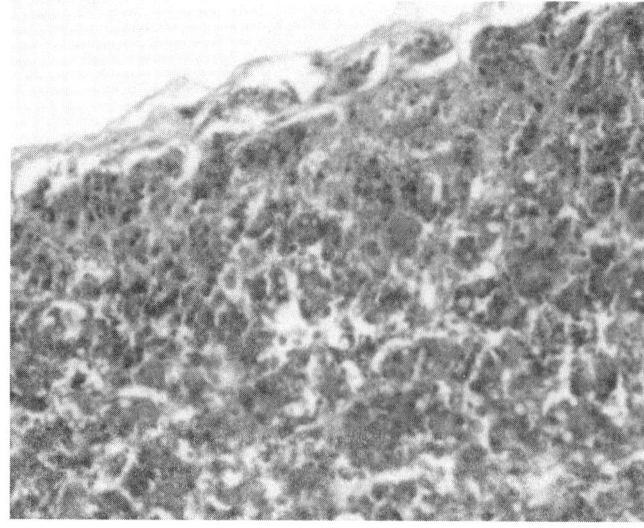

图12-67 NDV感染鸡胰腺体部1（HE染色，100倍）

扫码看彩图

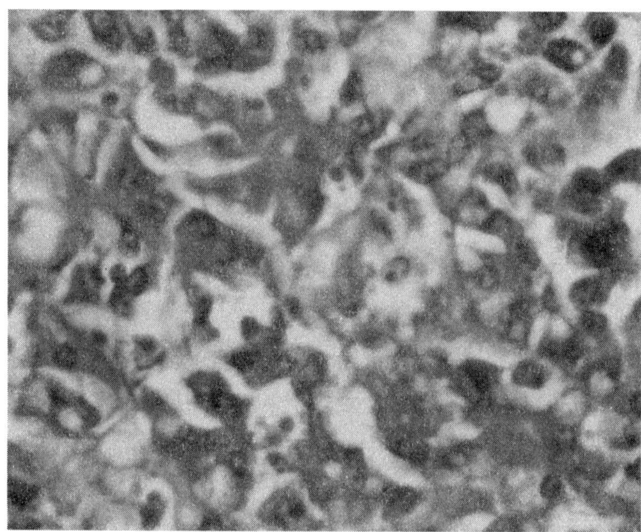

图12-68 NDV感染鸡胰腺体部2（HE染色，400倍）

扫码看彩图

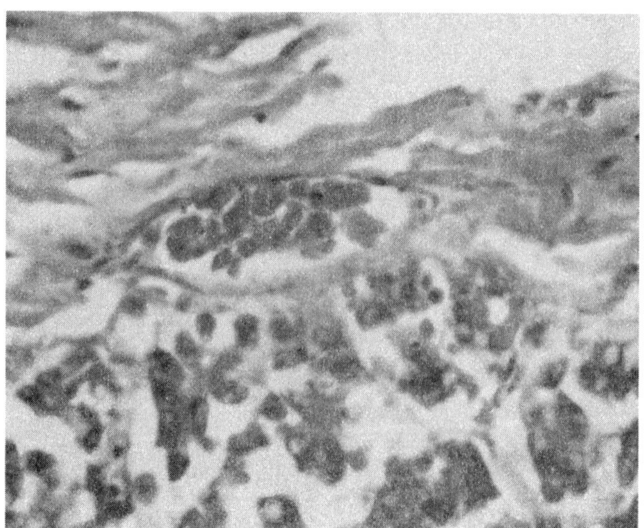

图12-69 NDV感染鸡胰腺体部3（HE染色，400倍）

扫码看彩图

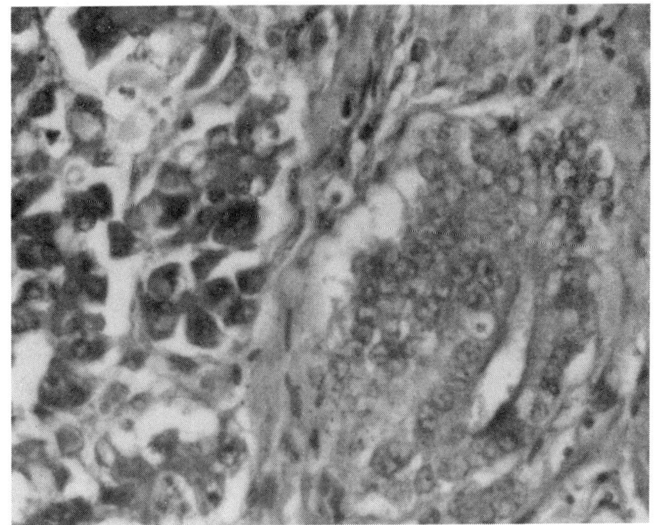

图12-70　NDV感染鸡胰腺体部4（HE染色，400倍）

扫码看彩图

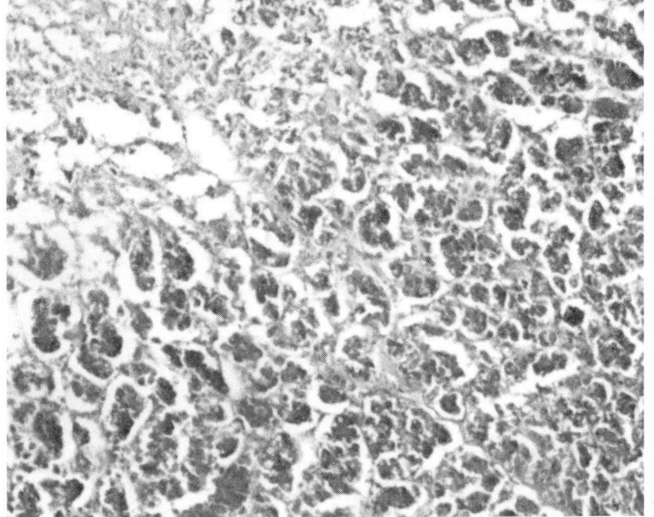

图12-71　NDV感染鸡胰腺头部1（HE染色，100倍）

扫码看彩图

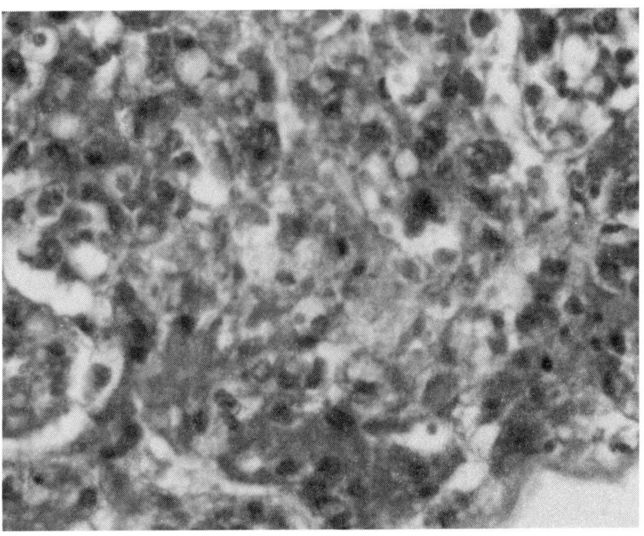

图12-72　NDV感染鸡胰腺头部2（HE染色，400倍）

扫码看彩图

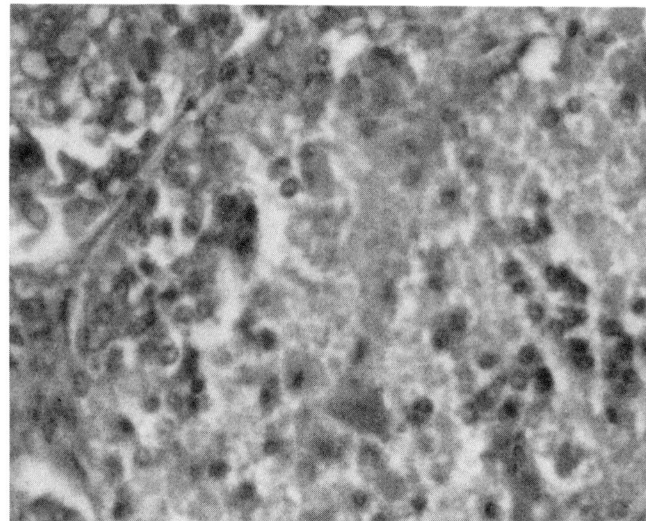

图12-73 NDV感染鸡胰腺头部3（HE染色，400倍）

扫码看彩图

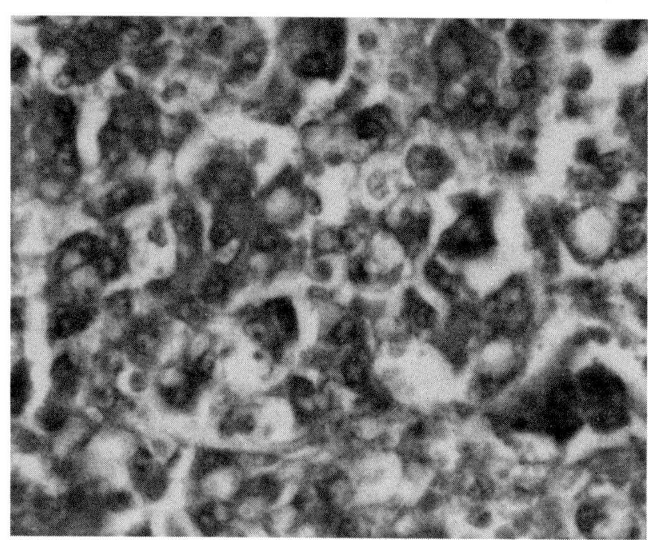

图12-74 NDV感染鸡胰腺头部4（HE染色，400倍）

扫码看彩图

第十三章　呼吸系统病理组织学诊断

一、喉

前与咽部相通、后接气管，由软骨构成，内衬假复层纤毛柱状上皮。

NDV感染鸡喉头黏膜崩解、脱落，黏膜上皮细胞空泡变性、坏死，黏膜下层间质毛细血管扩张充血、水肿。喉黏膜表面渗出液含有大量黏液，间杂少量淋巴细胞浸润（图13-1～图13-4）。

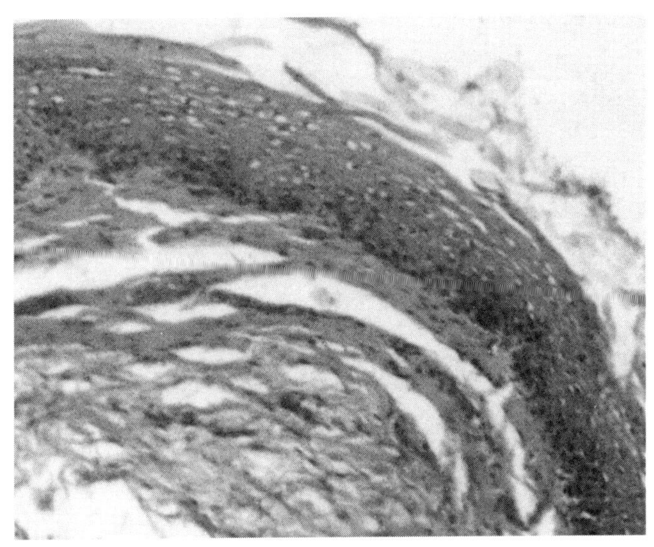

图13-1　NDV感染鸡喉组织1（HE染色，100倍）

扫码看彩图

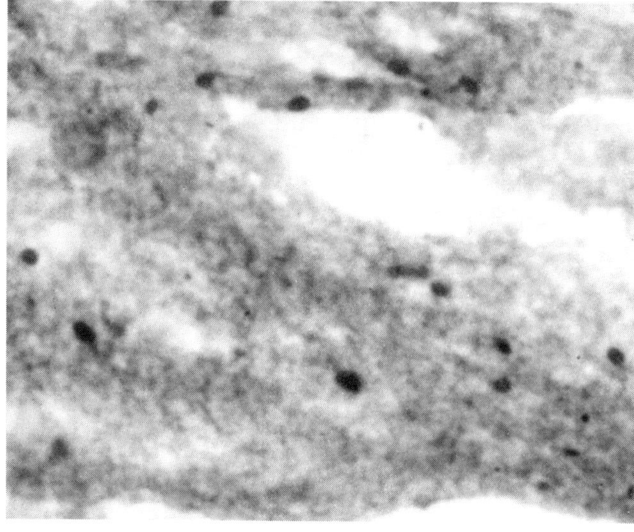

图13-2　NDV感染鸡喉组织2（HE染色，400倍）

扫码看彩图

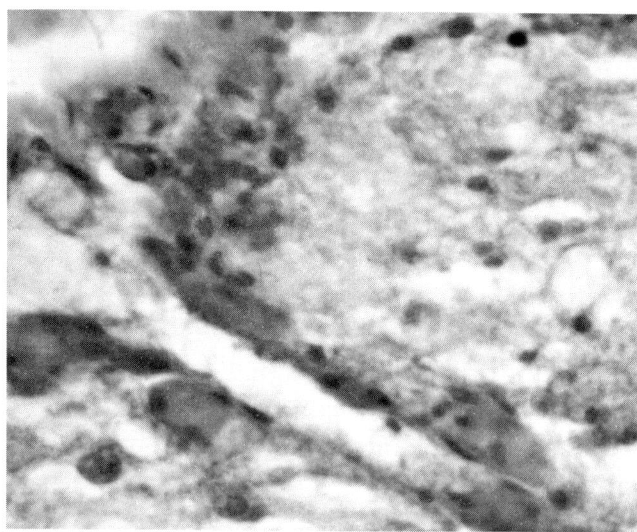

图13-3　NDV感染鸡喉组织3（HE染色，400倍）

扫码看彩图

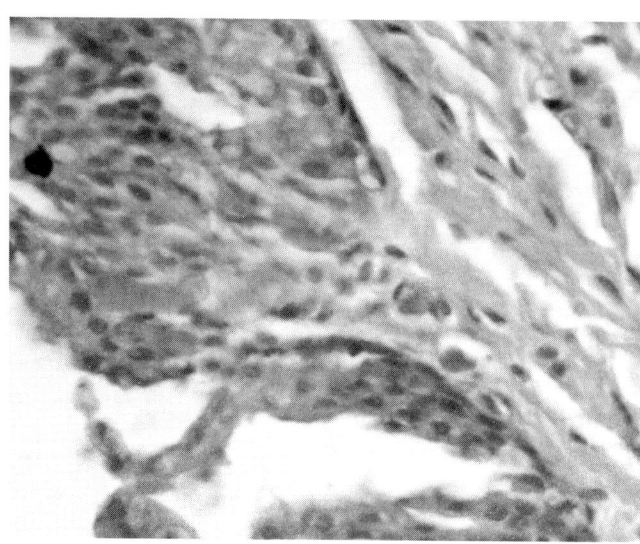

图13-4　NDV感染鸡喉组织4（HE染色，400倍）

扫码看彩图

二、气管

大量完整的软骨环相互套叠形成气管和支气管。管壁包括黏膜、黏膜下层和外膜。

黏膜上皮为假复层纤毛柱状上皮，由纤毛细胞、杯状细胞、刷细胞、小颗粒细胞和基细胞形成。纤毛细胞呈柱状，游离端纤毛密集；杯状细胞分泌黏液；刷细胞呈柱状，微绒毛较短，呈刷状；小颗粒细胞呈锥形，具有内分泌功能；基细胞位于基部，呈较小的锥形，增殖分化形成上皮细胞。固有层为含有弥散的淋巴组织和弹性纤维的结缔组织。

NDV感染鸡黏膜上皮空泡变性、坏死、崩解、脱落，黏膜下层微血管充血，间质水肿，平滑肌细胞空泡变性。支气管黏膜崩解、脱落，黏膜下血管扩张充血（图13-5 ～图13-20）。

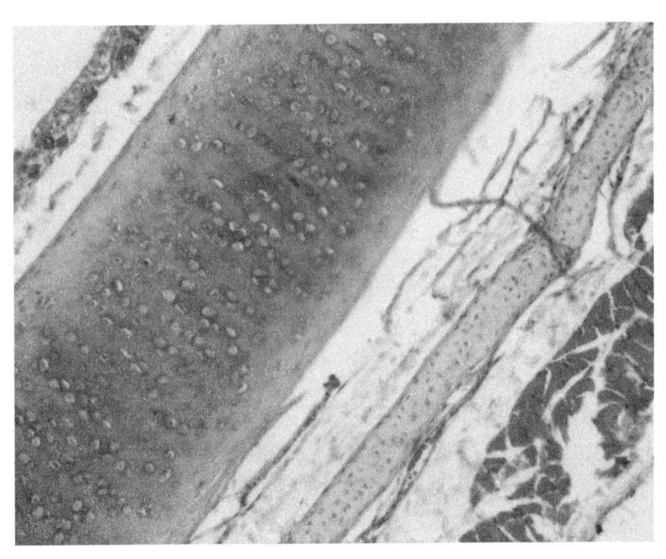

图13-5 NDV感染鸡支气管（前段）组织1（HE染色，100倍）

扫码看彩图

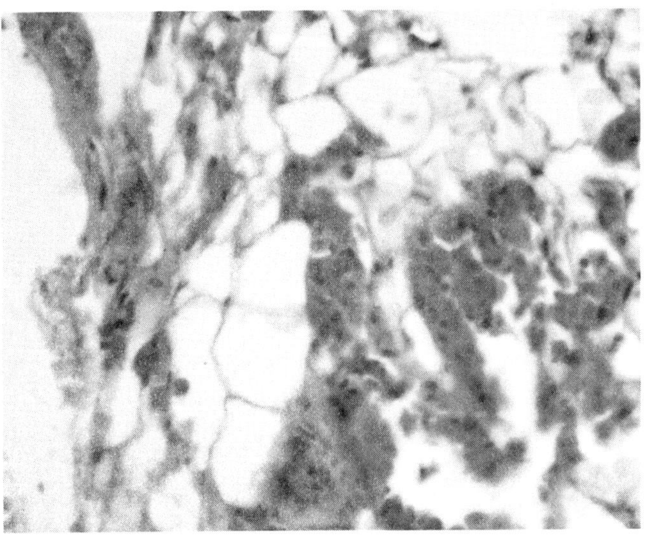

图13-6 NDV感染鸡支气管（前段）组织2（HE染色，400倍）

扫码看彩图

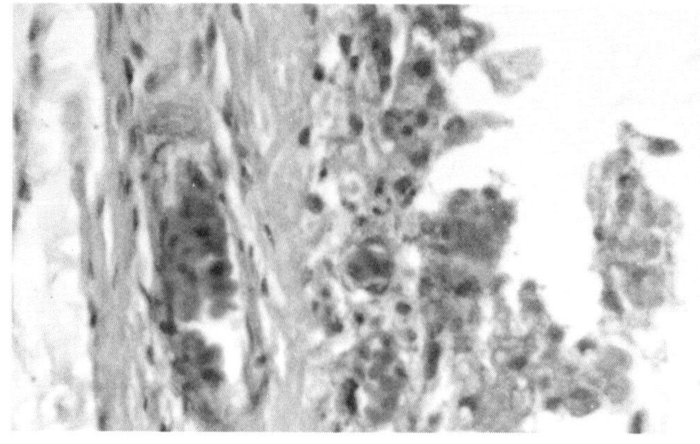

图13-7　NDV感染鸡支气管（前段）组织3（HE染色，400倍）

扫码看彩图

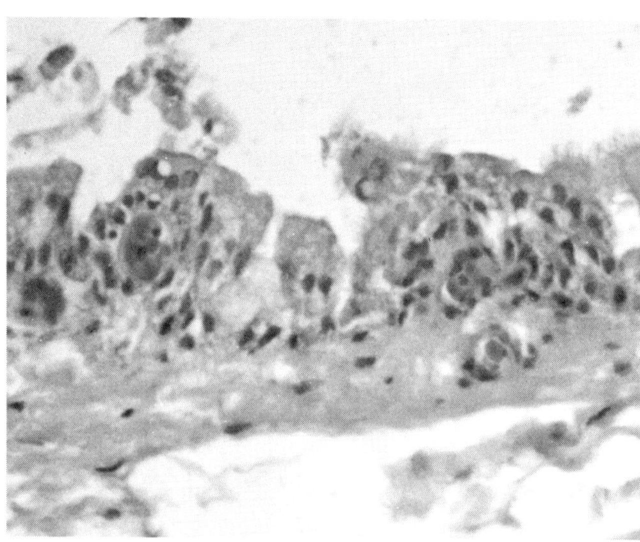

图13-8　NDV感染鸡支气管（前段）组织4（HE染色，400倍）

扫码看彩图

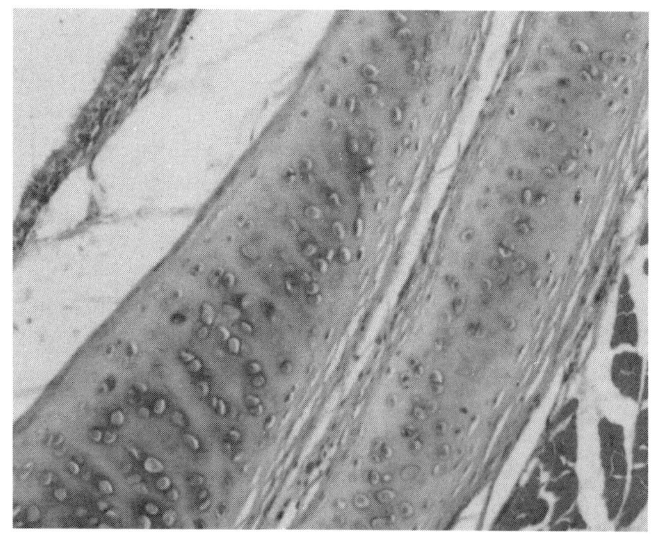

图13-9　NDV感染鸡支气管（中段）组织1（HE染色，100倍）

扫码看彩图

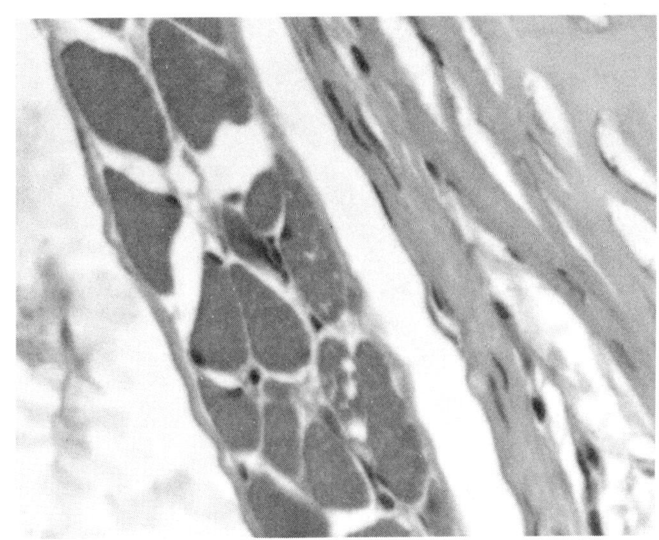

图13-10　NDV感染鸡支气管（中段）组织2（HE染色，400倍）

扫码看彩图

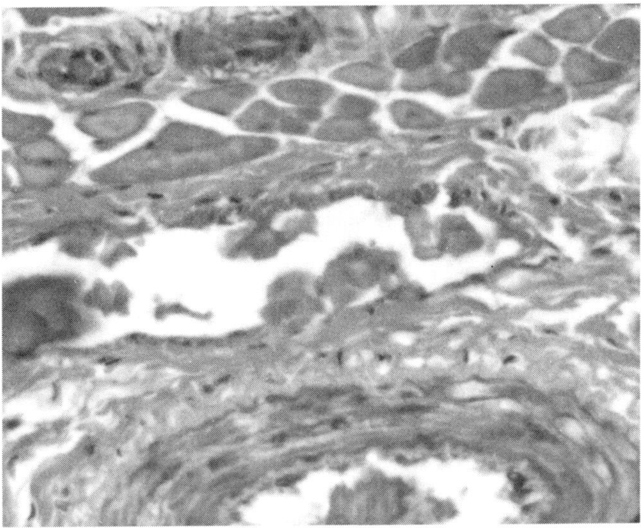

图13-11　NDV感染鸡支气管（中段）组织3（HE染色，400倍）

扫码看彩图

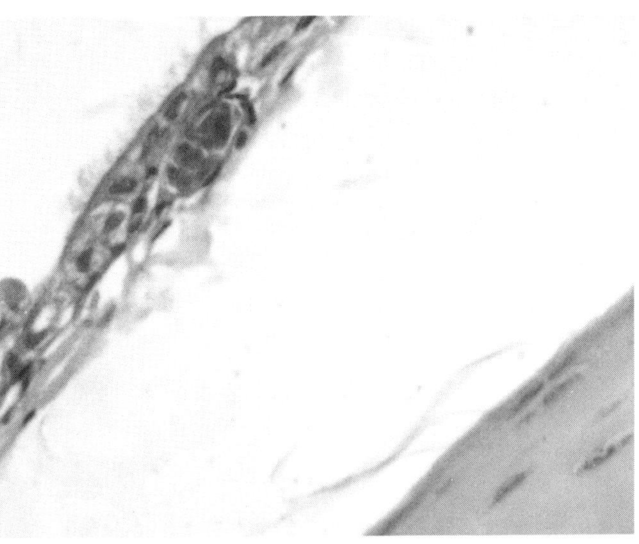

图13-12　NDV感染鸡支气管（中段）组织4（HE染色，400倍）

扫码看彩图

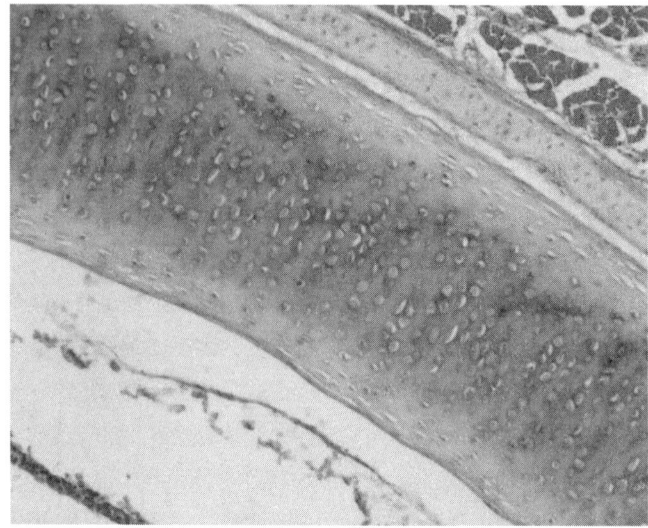

图13-13 NDV感染鸡支气管（后段）组织1（HE染色，100倍）

扫码看彩图

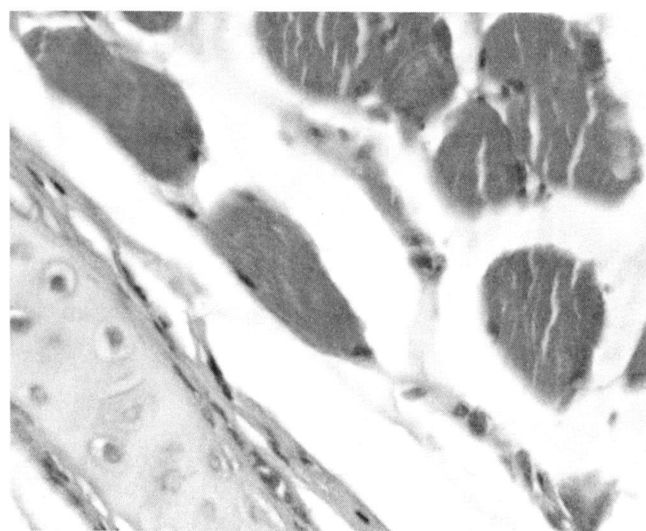

图13-14 NDV感染鸡支气管（后段）组织2（HE染色，400倍）

扫码看彩图

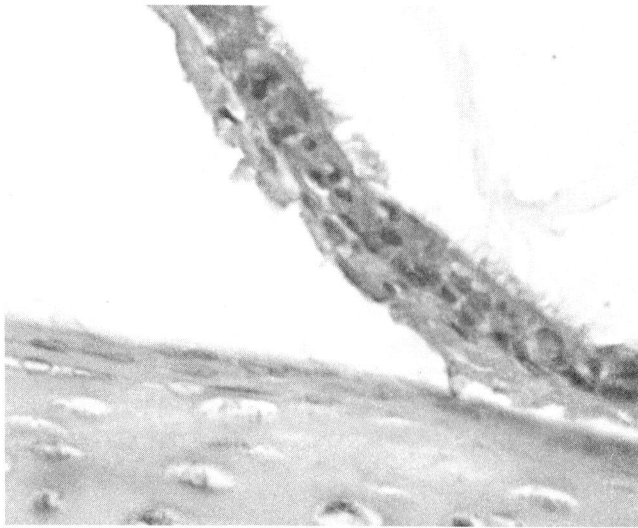

图13-15 NDV感染鸡支气管（后段）组织3（HE染色，400倍）

扫码看彩图

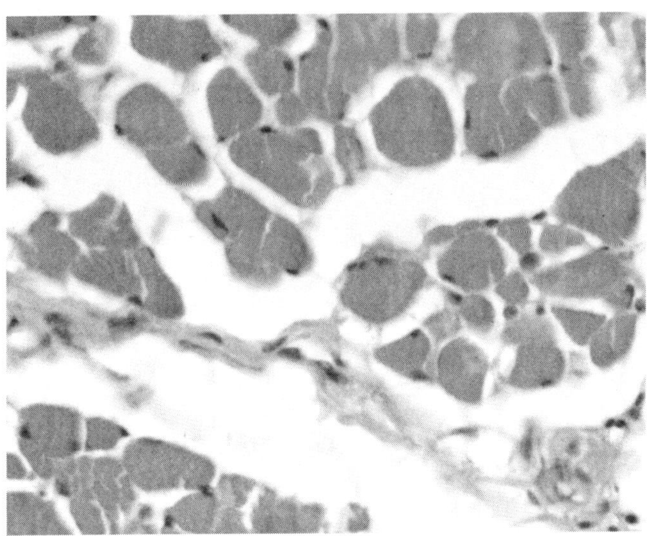

图13-16 NDV感染鸡支气管（后段）组织4（HE染色，400倍）

扫码看彩图

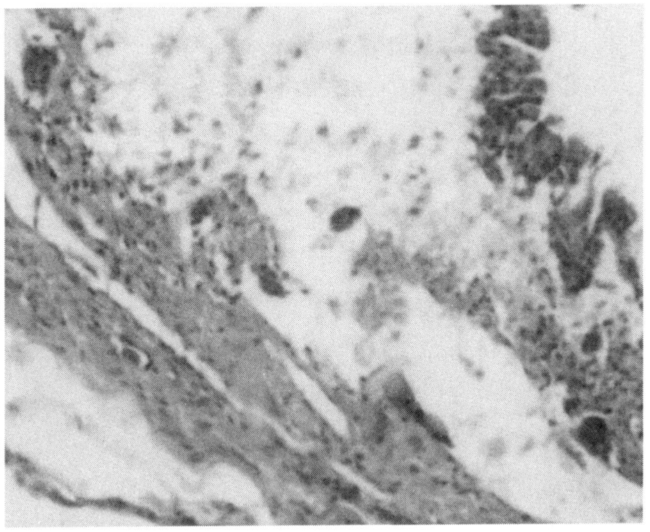

图13-17 NDV感染鸡支气管组织1（HE染色，100倍）

扫码看彩图

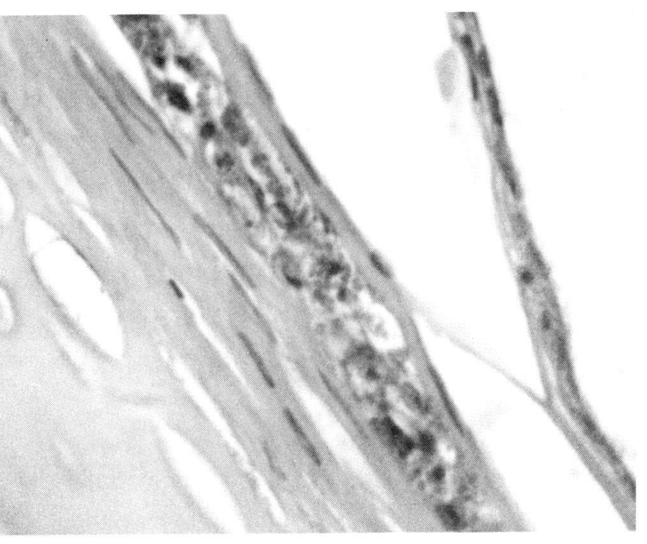

图13-18 NDV感染鸡支气管组织2（HE染色，400倍）

扫码看彩图

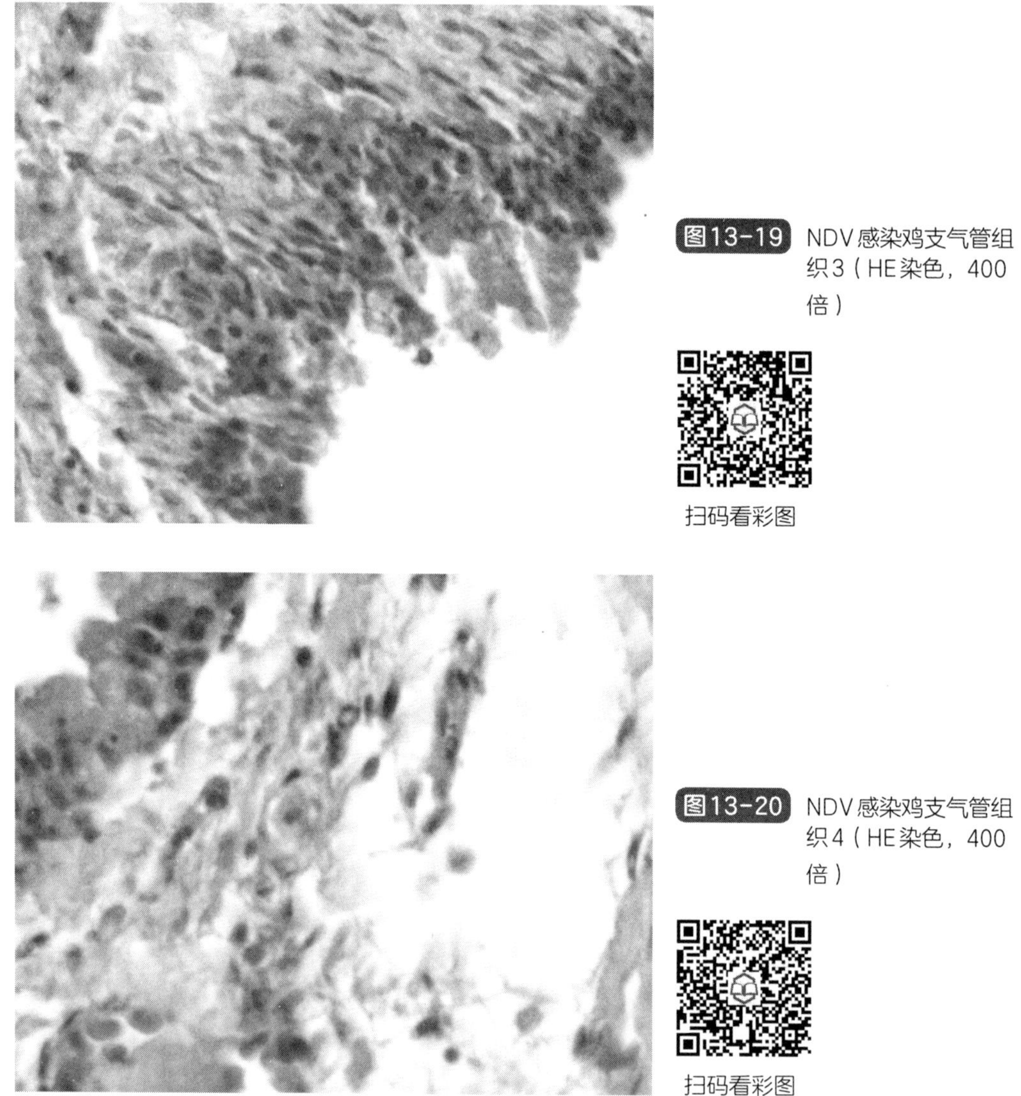

图13-19 NDV感染鸡支气管组织3（HE染色，400倍）

扫码看彩图

图13-20 NDV感染鸡支气管组织4（HE染色，400倍）

扫码看彩图

三、肺

肺弹性小，嵌入胸腔背侧肋窝内，呈鲜红色，不分叶，表面覆盖含有较多弹性纤维的浆膜。被膜伸入肺实质形成小叶间隔，构成肺的支架。

实质包括导管部和换气部，由初级支气管、次级支气管、三级支气管、肺房及肺毛细管构成。每条三级支气管联合其周围的肺房和呼吸毛细管形成肺的结构和功能基本单位——肺小叶。肺功能包括换气和散热。

NDV感染鸡肺泡腔内出现多量的血液，严重出血，肺泡壁毛细血管扩张充血，细支气管内出血，肺静脉充血。细支气管黏膜崩解、脱落，淋巴细胞、中性粒细胞、嗜酸性粒细胞等浸润（图13-21～图13-33）。

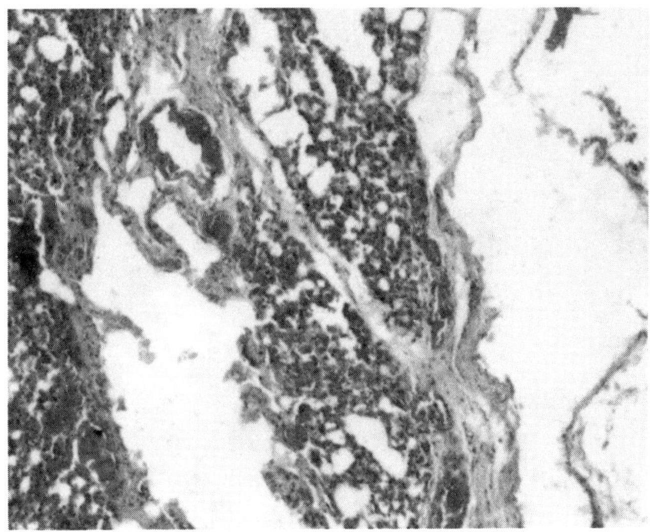

图13-21 NDV感染鸡肺门组织1（HE染色，100倍）

扫码看彩图

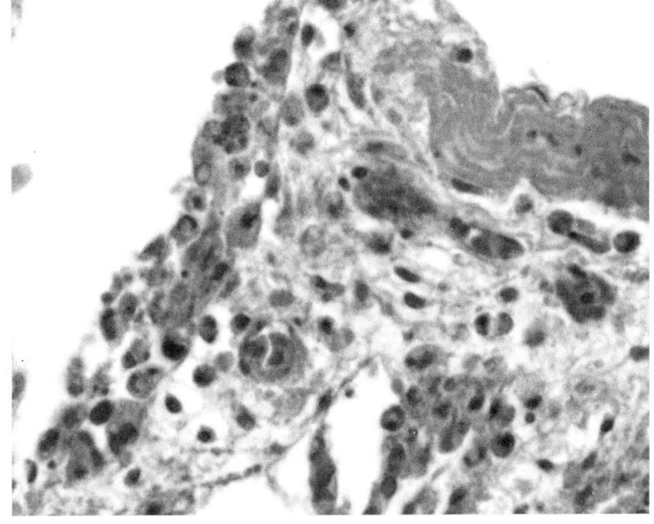

图13-22 NDV感染鸡肺门组织2（HE染色，400倍）

扫码看彩图

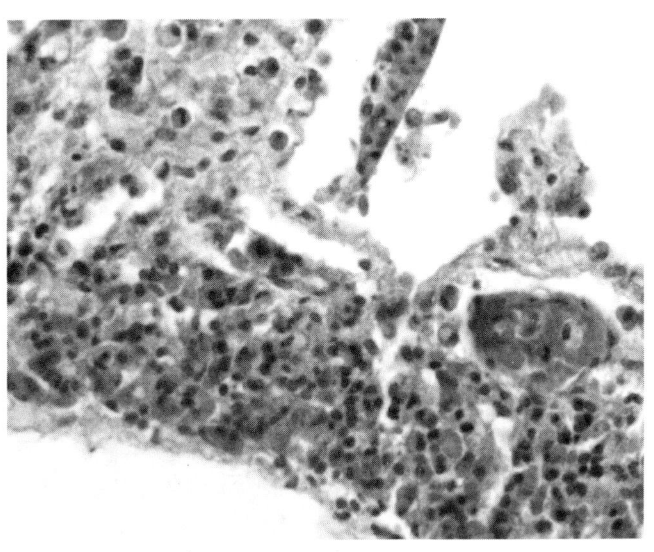

图13-23 NDV感染鸡肺门组织3（HE染色，400倍）

扫码看彩图

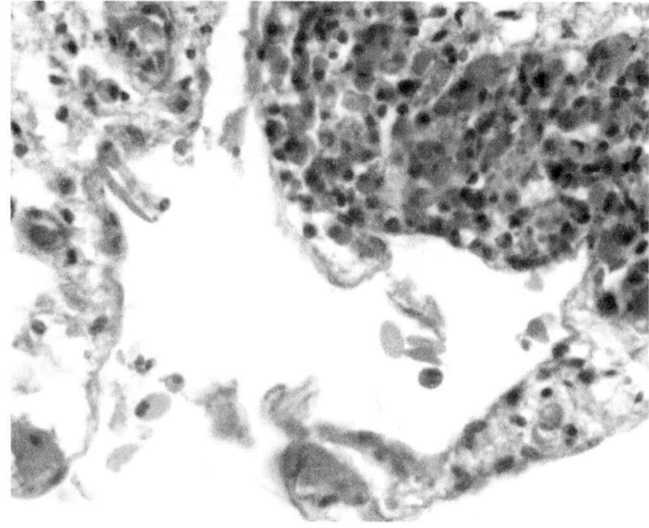

图13-24 NDV感染鸡肺门组织4（HE染色，400倍）

扫码看彩图

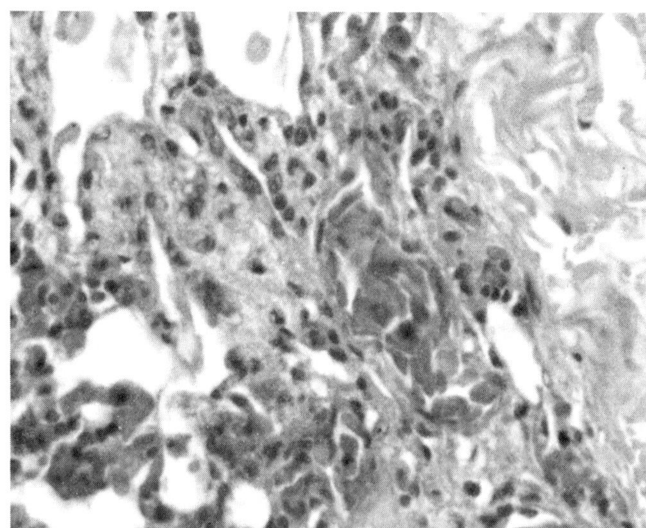

图13-25 NDV感染鸡肺门组织5（HE染色，400倍

扫码看彩图

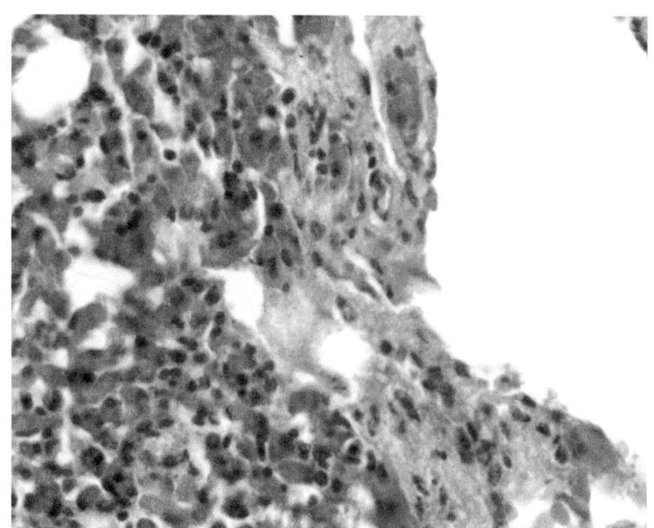

图13-26 NDV感染鸡肺门组织6（HE染色，400倍）

扫码看彩图

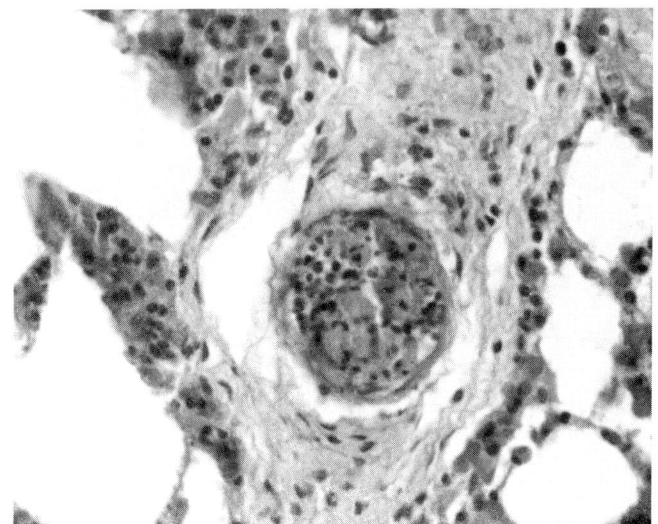

图13-27 NDV感染鸡肺门组织7（HE染色，400倍）

扫码看彩图

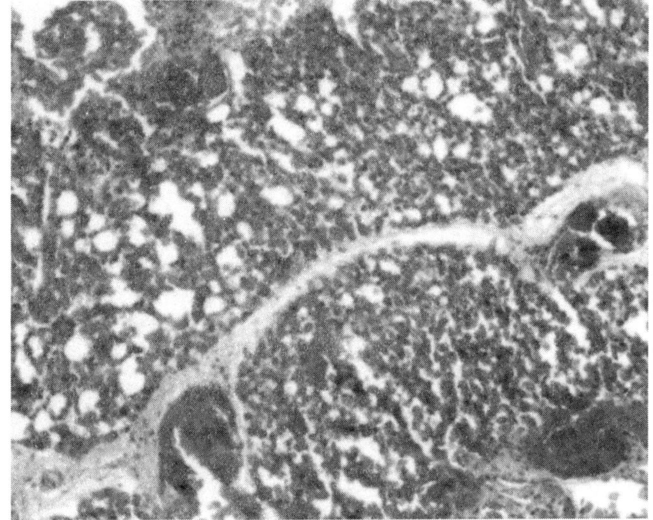

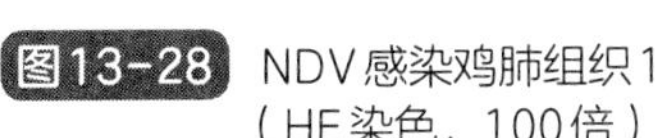

图13-28 NDV感染鸡肺组织1（HE染色，100倍）

扫码看彩图

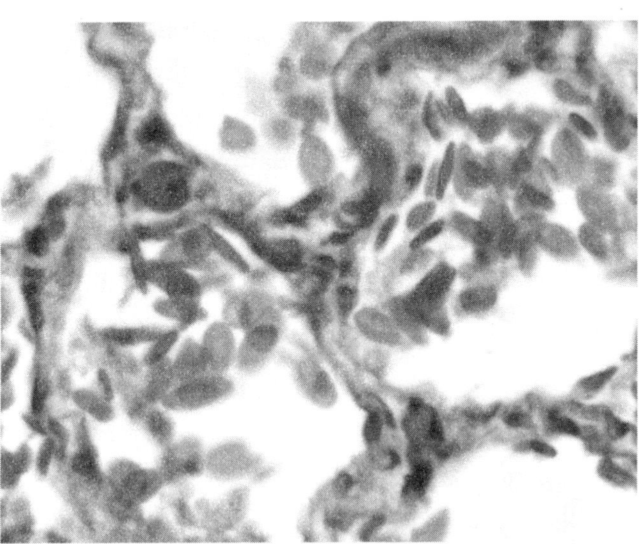

图13-29 NDV感染鸡肺组织2（HE染色，400倍）

扫码看彩图

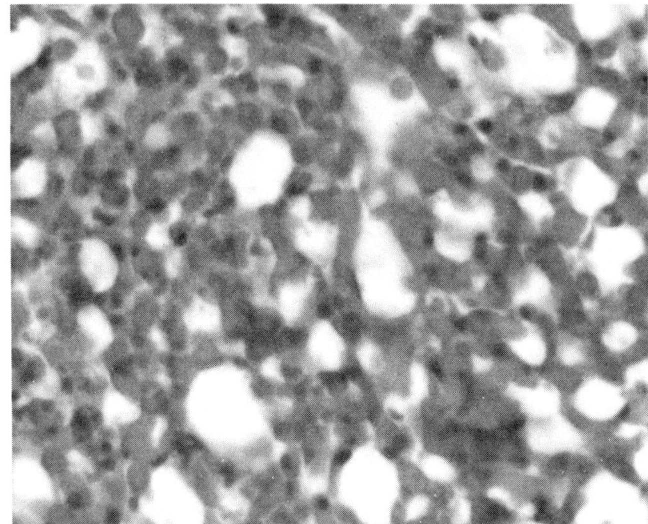

图13-30 NDV感染鸡肺组织3（HE染色，400倍）

扫码看彩图

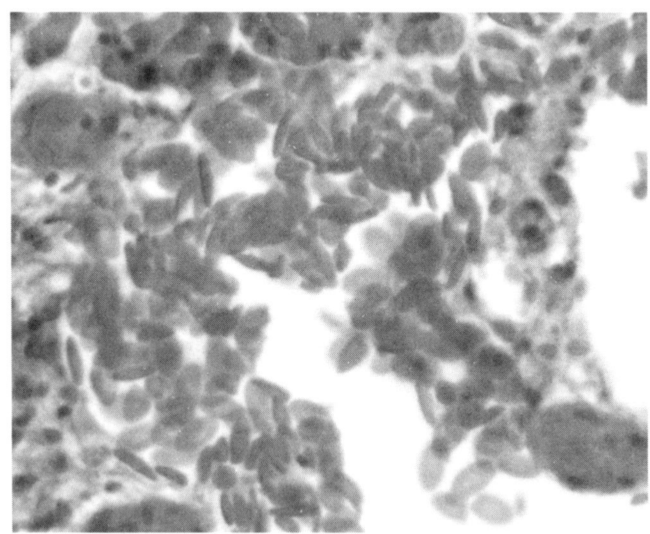

图13-31 NDV感染鸡肺组织4（HE染色，400倍）

扫码看彩图

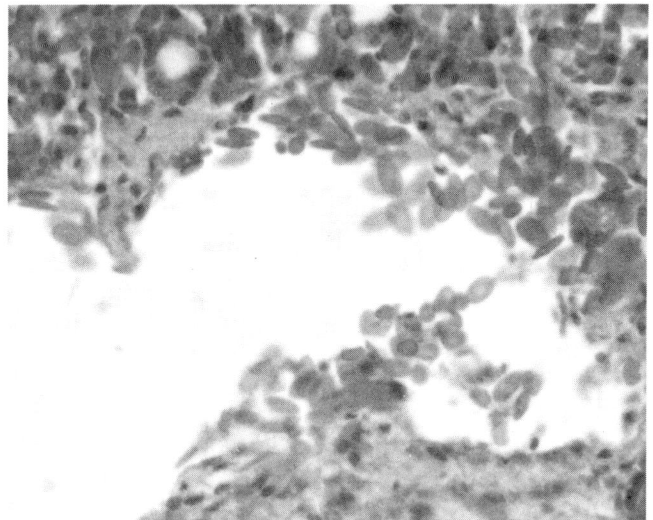

图13-32　NDV感染鸡肺组织5（HE染色，400倍）

扫码看彩图

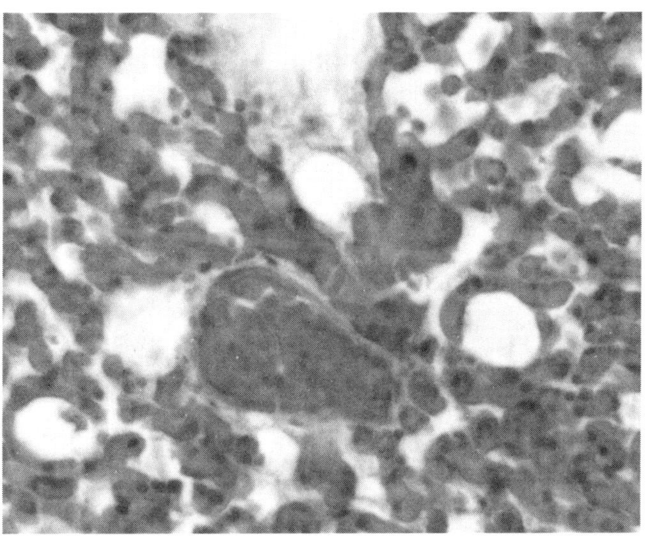

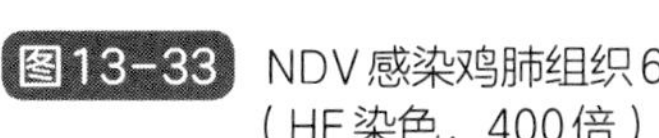

图13-33　NDV感染鸡肺组织6（HE染色，400倍）

扫码看彩图

第十四章　泌尿系统病理组织学诊断

一、肾

肾实质主要由大量横枕形的肾小叶构成，肾小叶由许多肾单位构成。肾小体和肾小管形成肾脏的结构和功能单位——肾单位。肾小体包括肾小囊和毛细血管球。

NDV感染鸡头肾间质血管显著充血，近端肾小管管腔狭窄，肾小管上皮体积肿大，颗粒变性，脂肪变性，细胞核浓缩、碎裂，肾小球毛细血管丛淋巴细胞浸润，肾小囊壁成纤维细胞增生、肾小球血管丛纤维素增生（图14-1 ～图14-6）。

NDV感染鸡中肾间质血管显著充血、弥漫性血管内凝血，肾小管上皮细胞空泡变性、坏死、崩解、脱落，肾小球血管丛成纤维细胞、足细胞、系膜细胞大量增生，充满整个肾小囊腔；大量肾小管结构崩解、上皮细胞坏死，出血（图14-7 ～ 图14-13）。

NDV感染鸡尾肾间质血管充血、成纤维细胞增生，肾小管上皮细胞空泡变性、坏死、崩解、脱落，肾小球血管丛中心区成纤维细胞增生、周边区毛细血管充血；多量肾小管崩解、淋巴细胞浸润、成纤维细胞增生（图14-14 ～图14-20）。

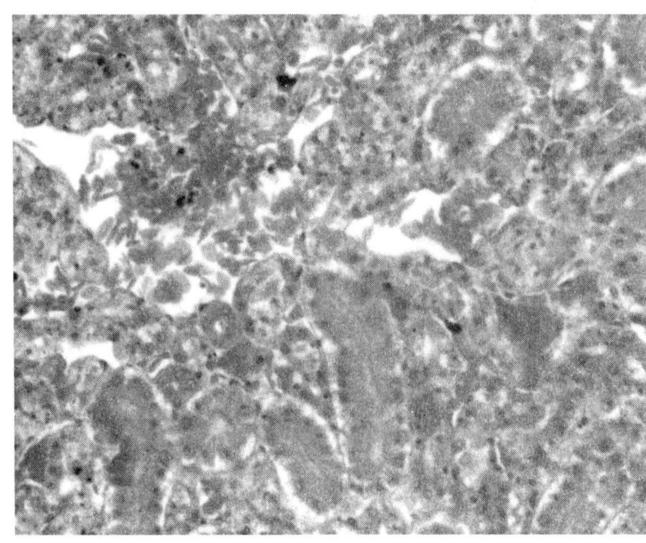

图14-1　NDV感染鸡头肾组织1（HE染色，200倍）

扫码看彩图

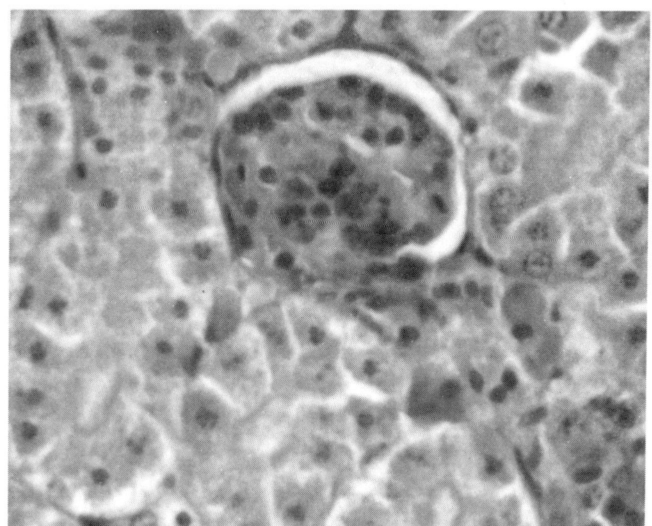

图14-2 NDV感染鸡头肾组织2（HE染色，400倍）

扫码看彩图

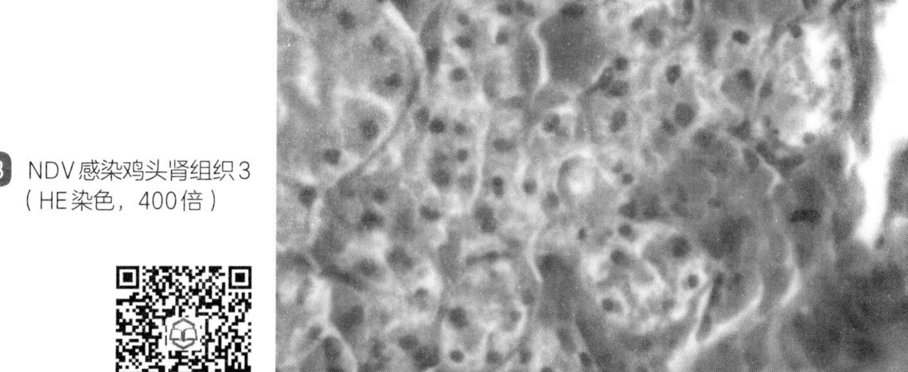

图14-3 NDV感染鸡头肾组织3（HE染色，400倍）

扫码看彩图

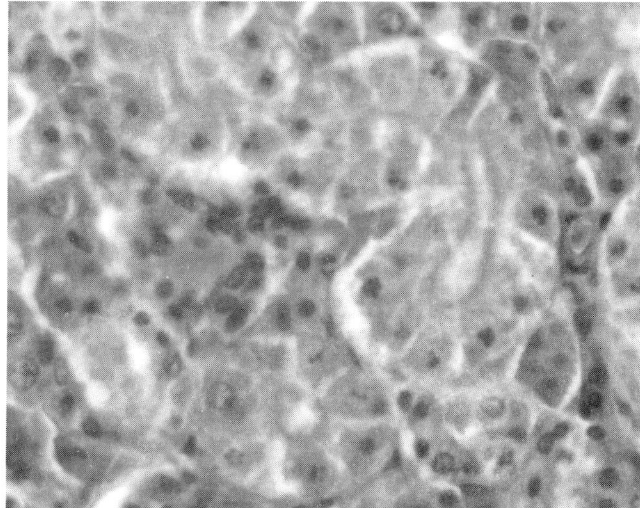

图14-4 NDV感染鸡头肾组织4（HE染色，400倍）

扫码看彩图

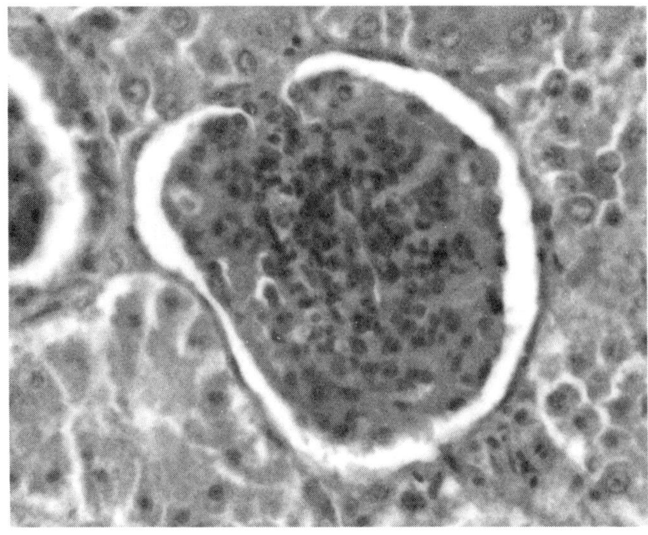

图14-5 NDV感染鸡头肾组织5（HE染色，400倍）

扫码看彩图

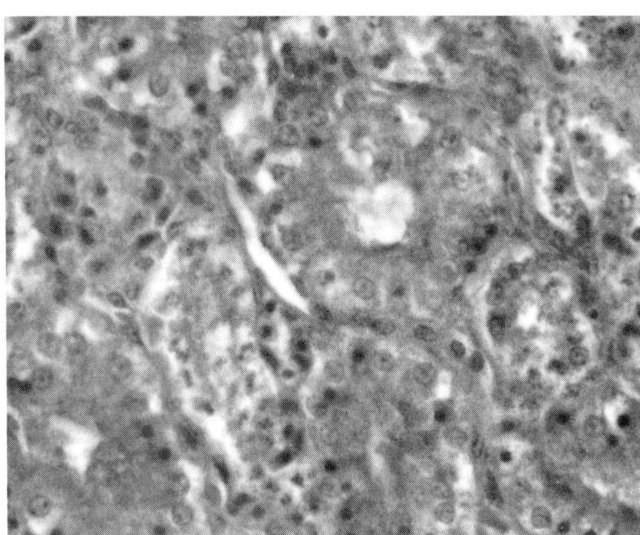

图14-6 NDV感染鸡头肾组织6（HE染色，400倍）

扫码看彩图

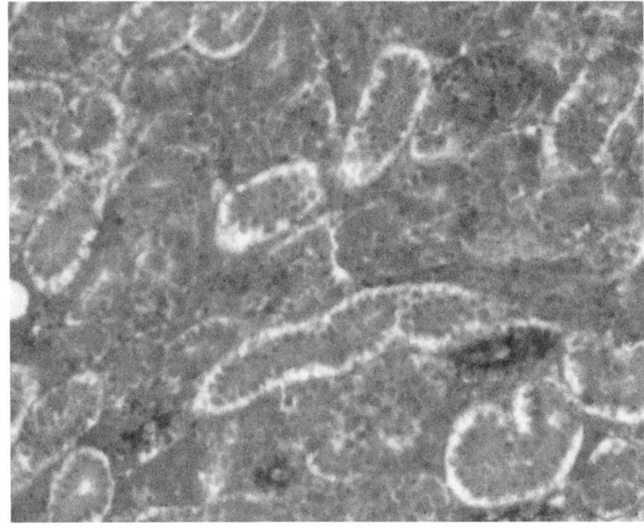

图14-7 NDV感染鸡中肾组织1（HE染色，100倍）

扫码看彩图

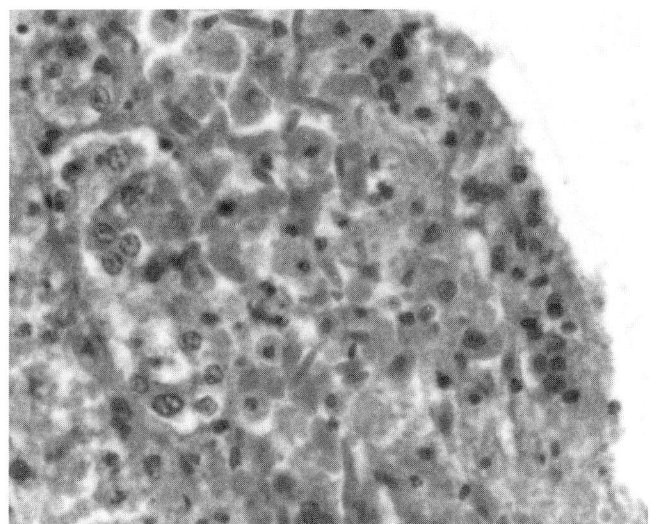

图14-8 NDV感染鸡中肾组织2（HE染色，400倍）

扫码看彩图

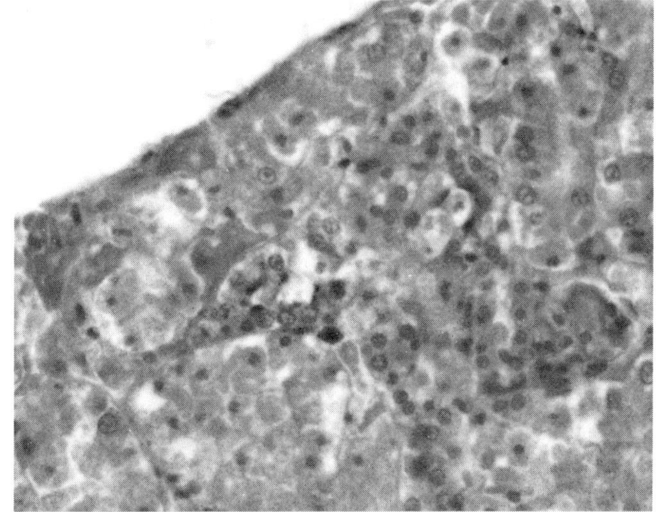

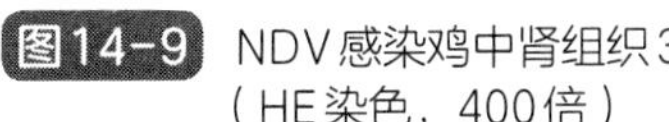

图14-9 NDV感染鸡中肾组织3（HE染色，400倍）

扫码看彩图

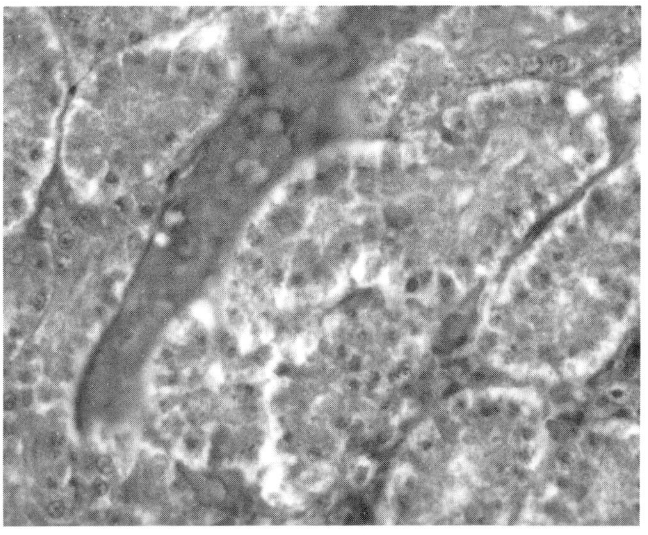

图14-10 NDV感染鸡中肾组织5（HE染色，400倍）

扫码看彩图

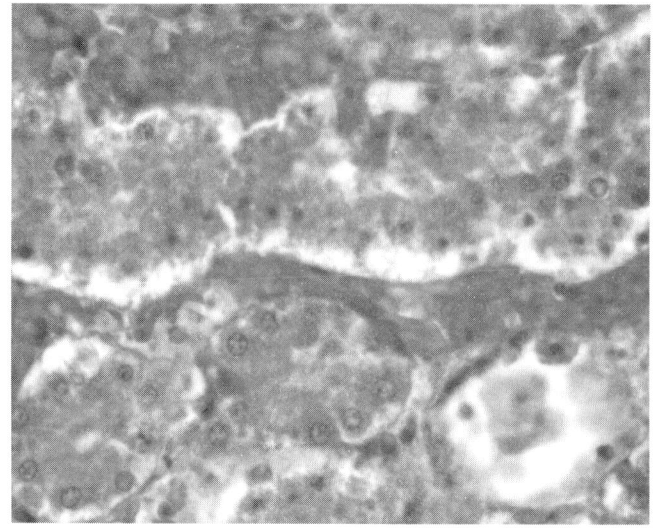

图14-11 NDV感染鸡中肾组织6（HE染色，400倍）

扫码看彩图

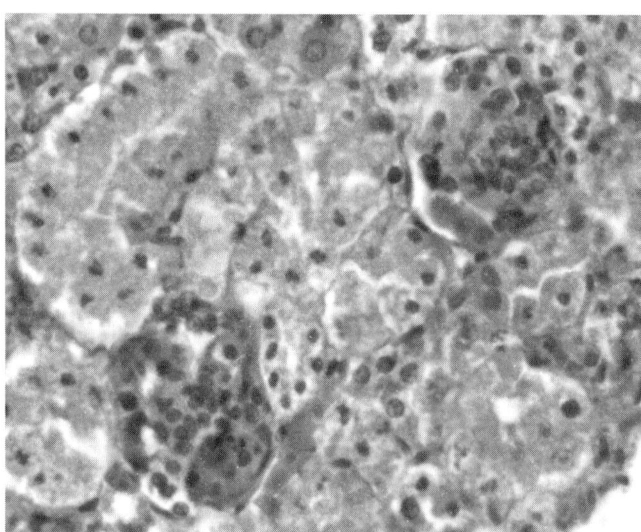

图14-12 NDV感染鸡中肾组织7（HE染色，400倍）

扫码看彩图

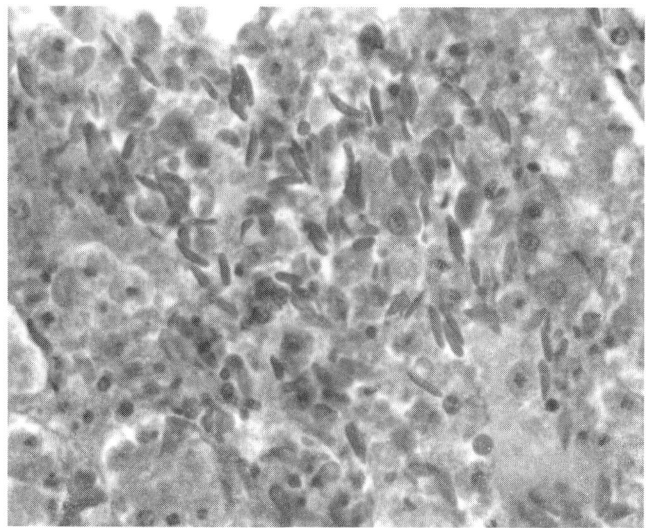

图14-13 NDV感染鸡中肾组织8（HE染色，400倍）

扫码看彩图

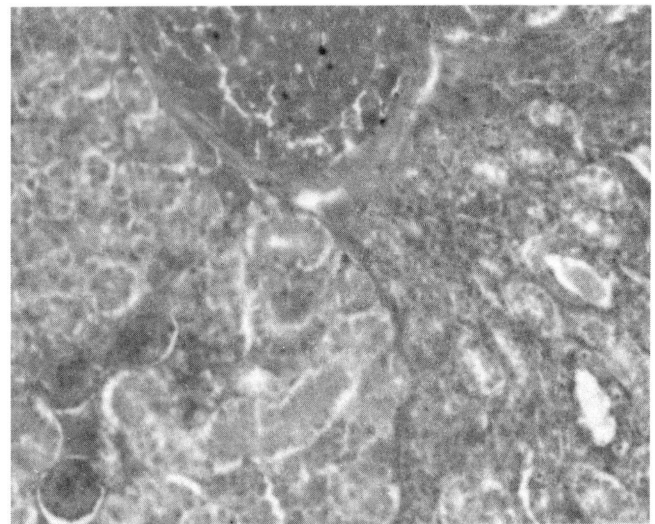

图14-14　NDV感染鸡尾肾组织1（HE染色，200倍）

扫码看彩图

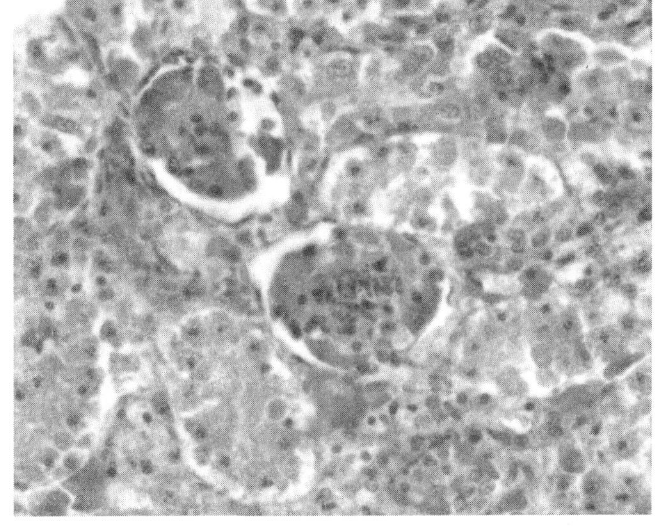

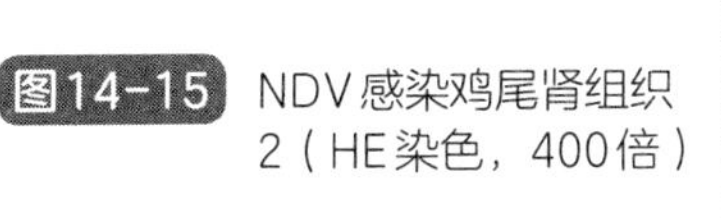

图14-15　NDV感染鸡尾肾组织2（HE染色，400倍）

扫码看彩图

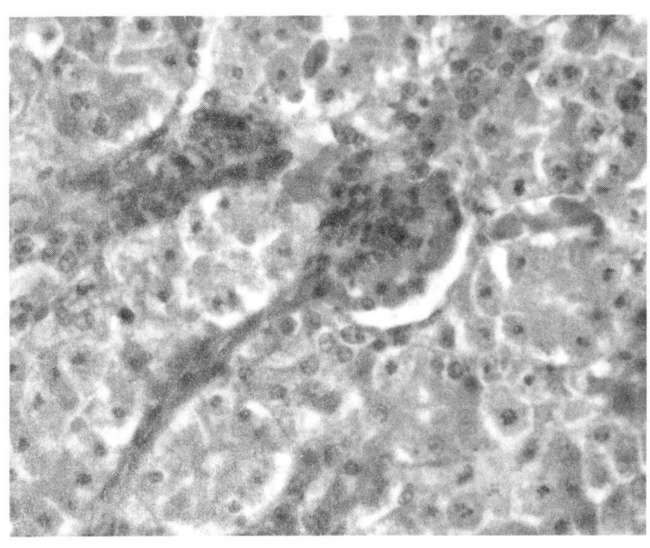

图14-16　NDV感染鸡尾肾组织3（HE染色，400倍）

扫码看彩图

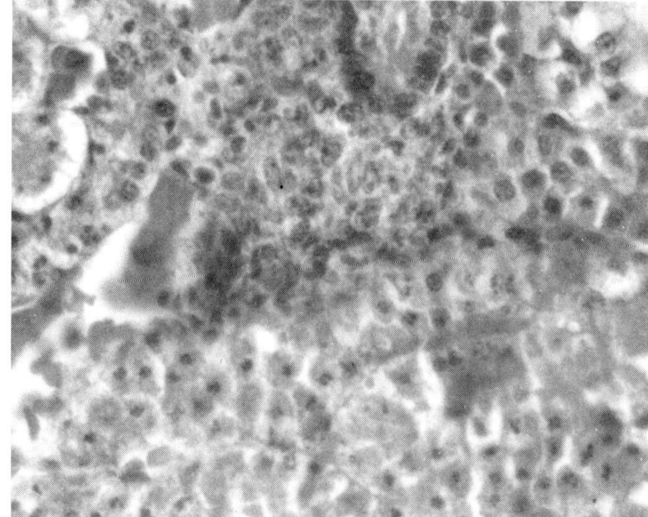

图14-17　NDV感染鸡尾肾组织4（HE染色，400倍）

扫码看彩图

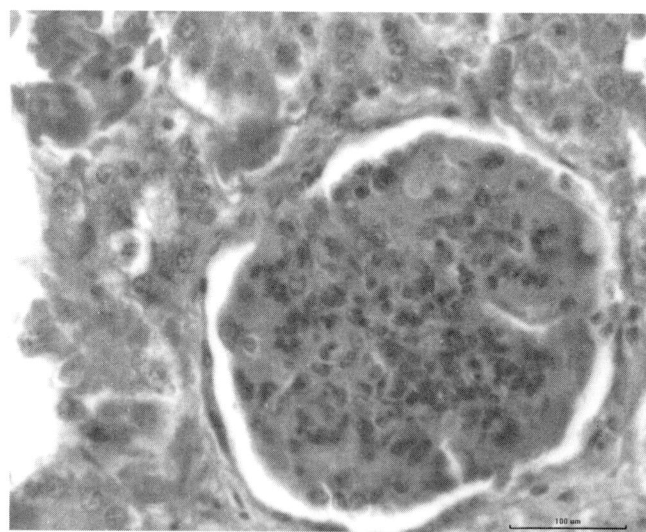

图14-18　NDV感染鸡尾肾组织5（HE染色，400倍）

扫码看彩图

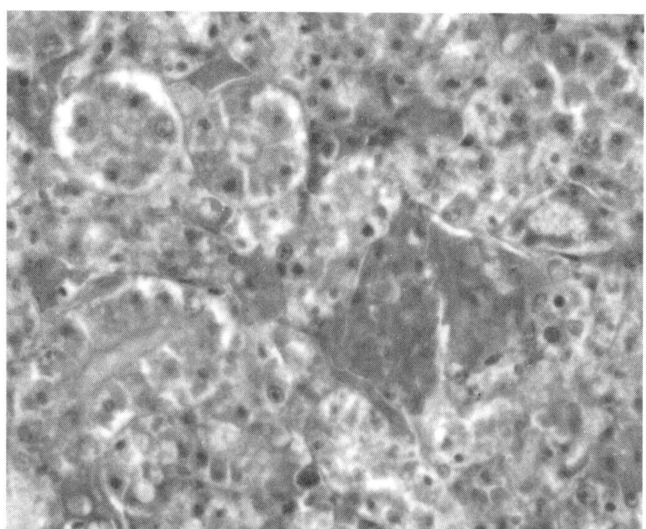

图14-19　NDV感染鸡尾肾组织6（HE染色，400倍）

扫码看彩图

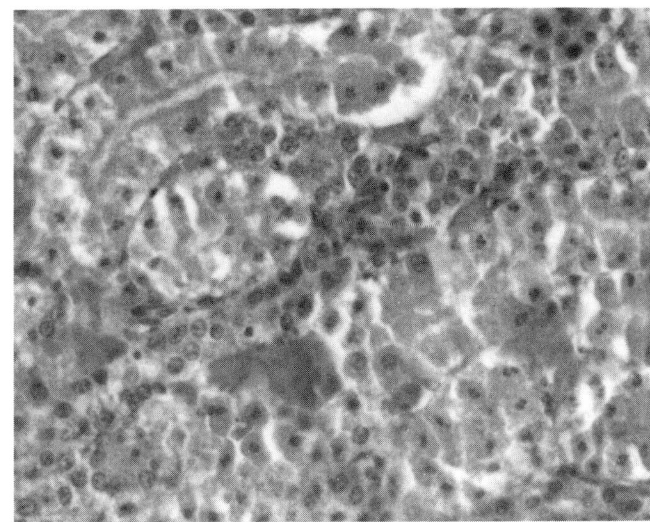

图14-20 NDV感染鸡尾肾组织7（HE染色，400倍）

扫码看彩图

二、输尿管

输尿管壁较薄，由黏膜、肌层和外膜构成。黏膜上皮为变移上皮；肌层由平滑肌组成，外膜大部分为纤维膜。

第十五章 生殖系统病理组织学诊断

一、睾丸被膜

睾丸表面覆盖浅表的薄层浆膜和深层的致密结缔组织白膜，白膜伸入实质形成睾丸间质。

二、生殖细胞

曲细精管由基膜向管腔依次分布精原细胞、初级精母细胞、次级精母细胞、精子细胞和精子，分别嵌入支持细胞的不同部位。

NDV感染鸡睾丸组织内生精小管内精母细胞、精子细胞崩解、坏死、数量减少，生精小管结构被破坏、成纤维细胞增生（图15-1 ～图15-4）。

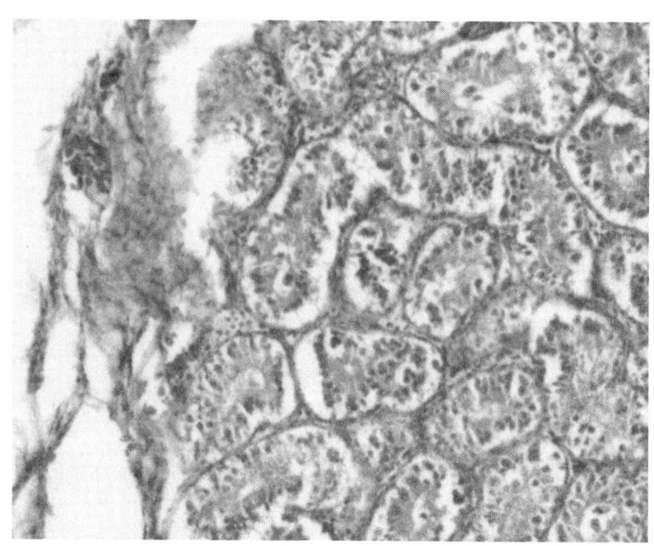

图15-1 NDV感染鸡生精小管1（HE染色，100倍）

扫码看彩图

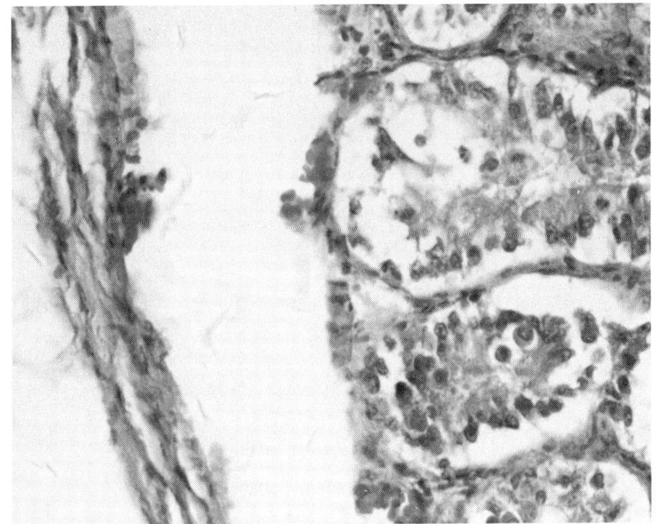

图15-2　NDV感染鸡生精小管2（HE染色，400倍）

扫码看彩图

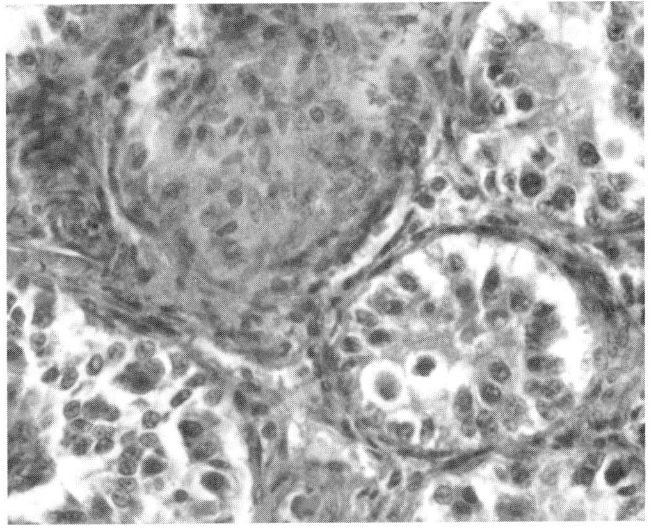

图15-3　NDV感染鸡生精小管3（HE染色，400倍）

扫码看彩图

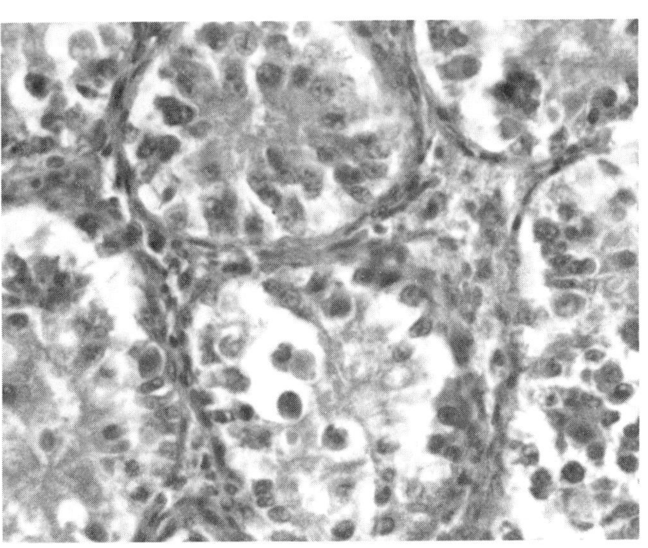

图15-4　NDV感染鸡生精小管4（HE染色，400倍）

扫码看彩图

三、附睾与输精管

附睾位于腹腔睾丸的背侧，呈扁平带状。于附睾尾发出细长、弯曲、与输尿管并行的输精管，开口于泄殖腔。

四、卵巢与输卵管

NDV感染鸡卵巢间质组织血管扩张充血，卵泡崩解、卵母细胞坏死，卵子细胞空泡变性、坏死，成纤维细胞大量增生、纤维化（图15-5～图15-10）。

NDV感染鸡输卵管黏膜崩解、黏膜下组织水肿，血管充血（图15-11～图15-17）。

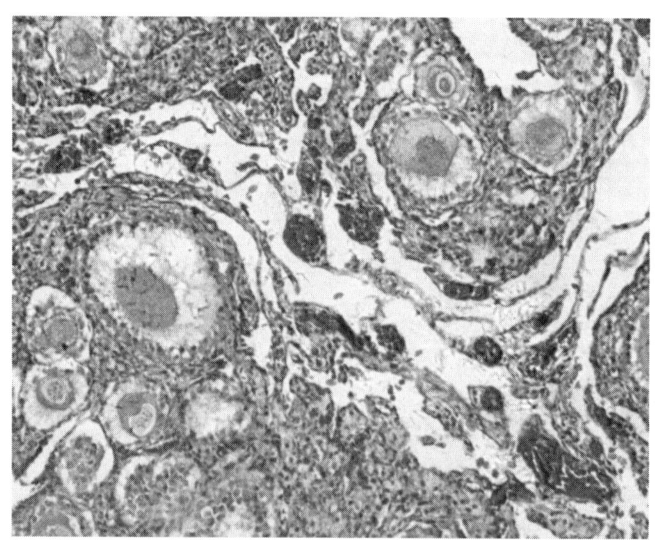

图15-5　NDV感染鸡卵泡1（HE染色，100倍）

扫码看彩图

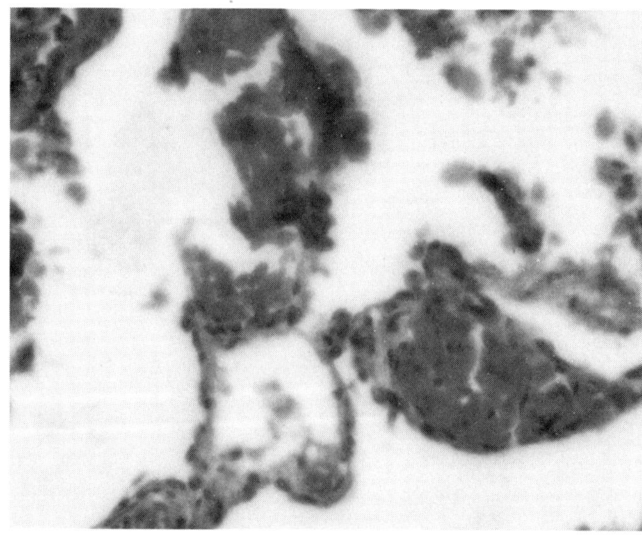

图15-6　NDV感染鸡卵泡2（HE染色，400倍）

扫码看彩图

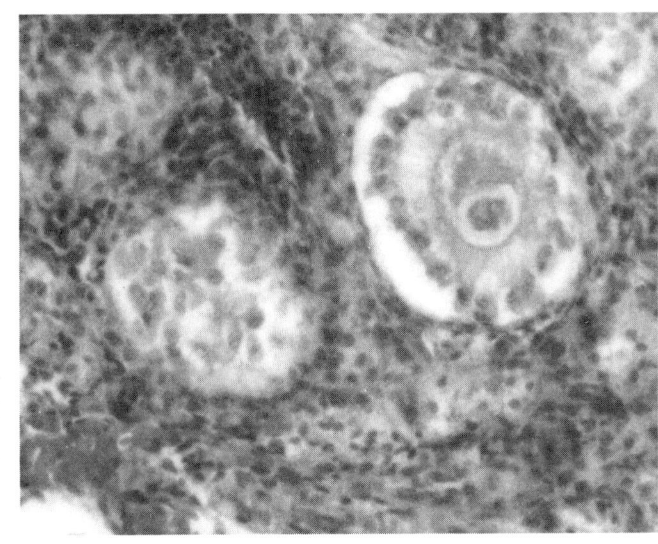

图15-7　NDV感染鸡卵泡3（HE染色，400倍）

扫码看彩图

图15-8　NDV感染鸡卵泡4（HE染色，400倍）

扫码看彩图

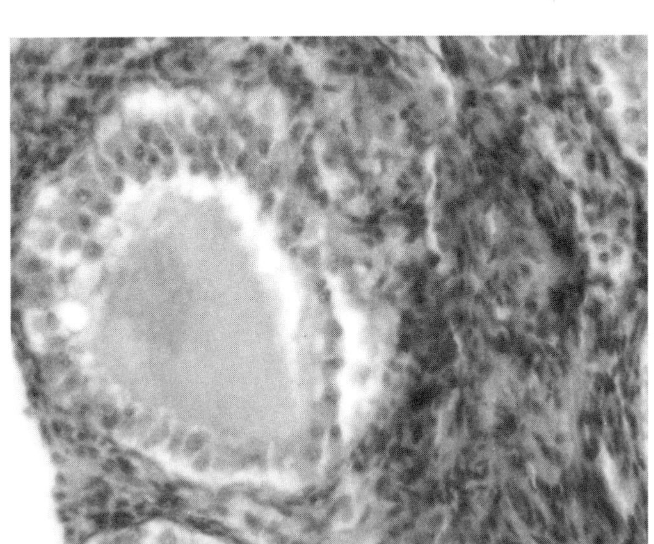

图15-9　NDV感染鸡卵泡5（HE染色，400倍）

扫码看彩图

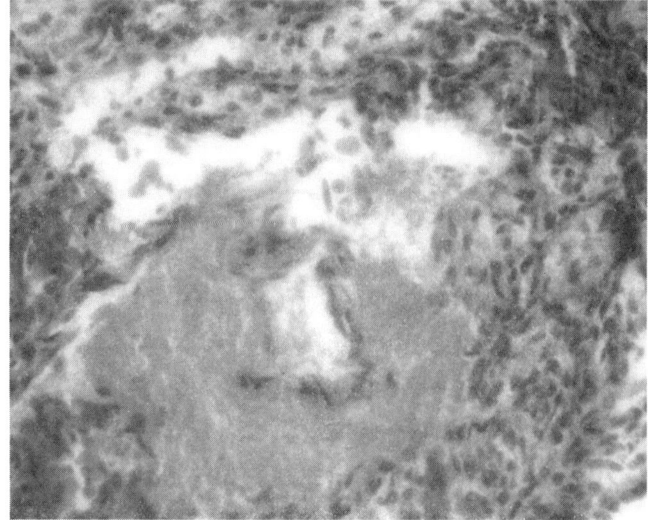

图15-10 NDV感染鸡卵泡6（HE染色，400倍）

扫码看彩图

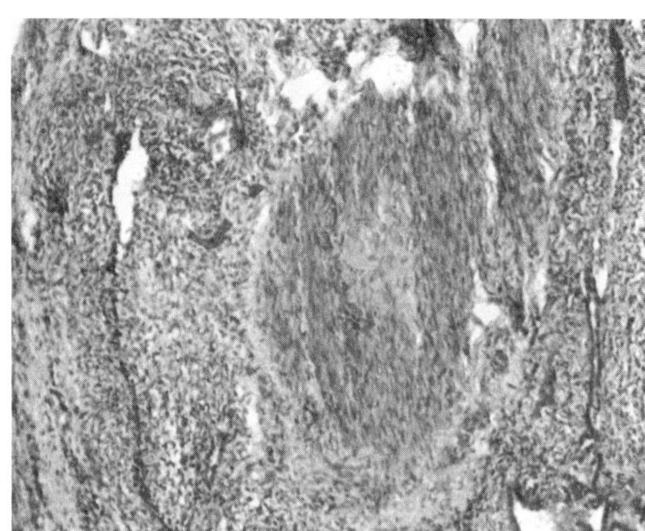

图15-11 NDV感染鸡输卵管1（HE染色，100倍）

扫码看彩图

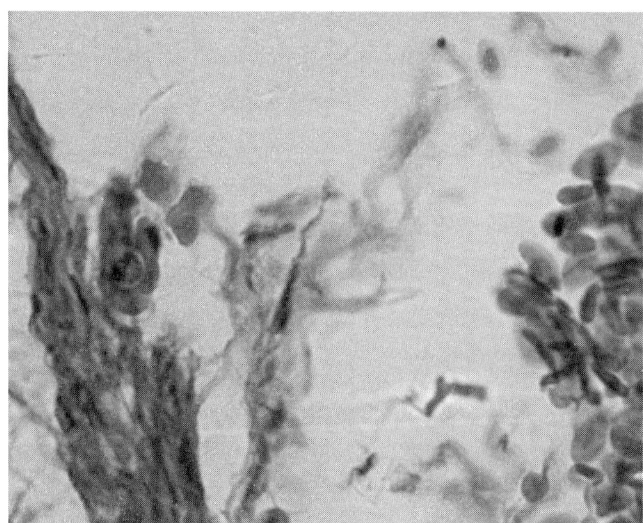

图15-12 NDV感染鸡输卵管2（HE染色，400倍）

扫码看彩图

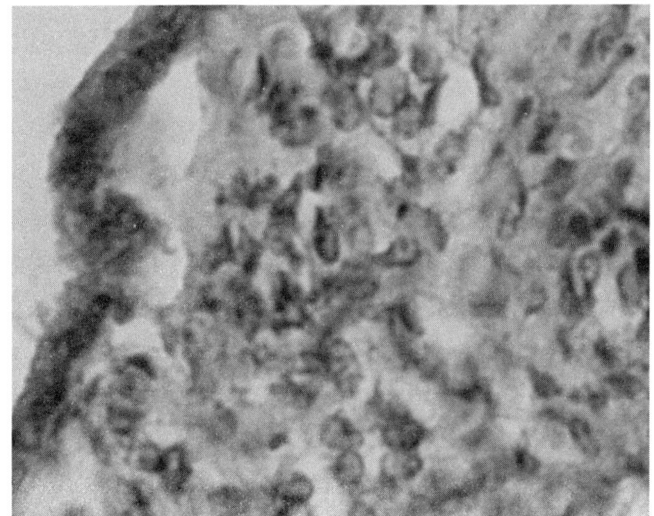

图15-13 NDV感染鸡输卵管3（HE染色，400倍）

扫码看彩图

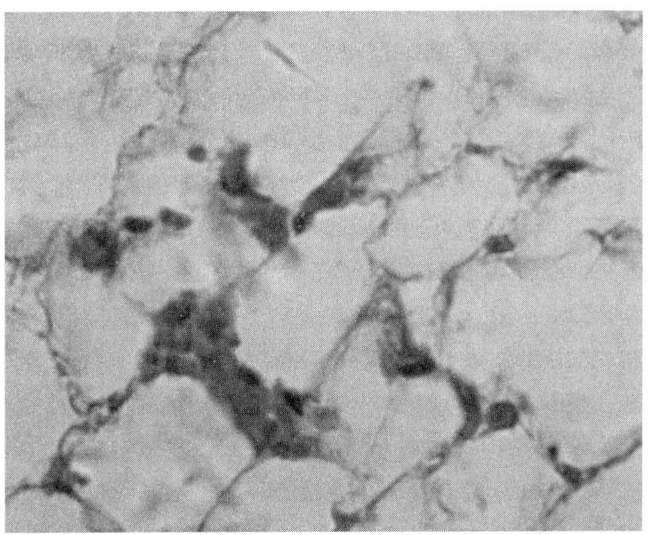

图15-14 NDV感染鸡输卵管4（HE染色，400倍）

扫码看彩图

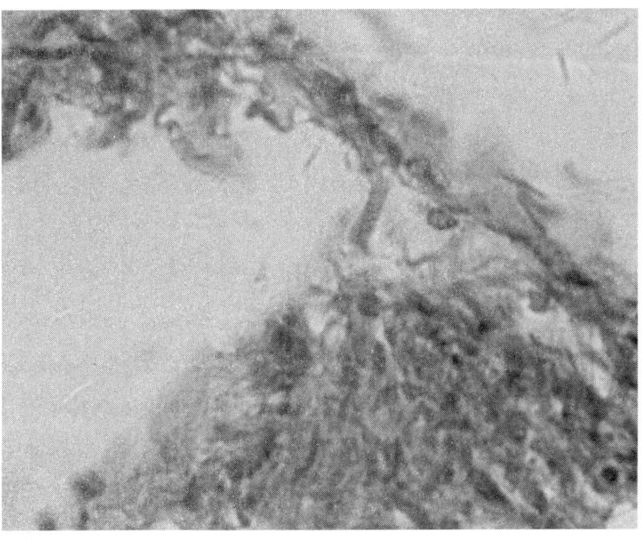

图15-15 NDV感染鸡输卵管5（HE染色，400倍）

扫码看彩图

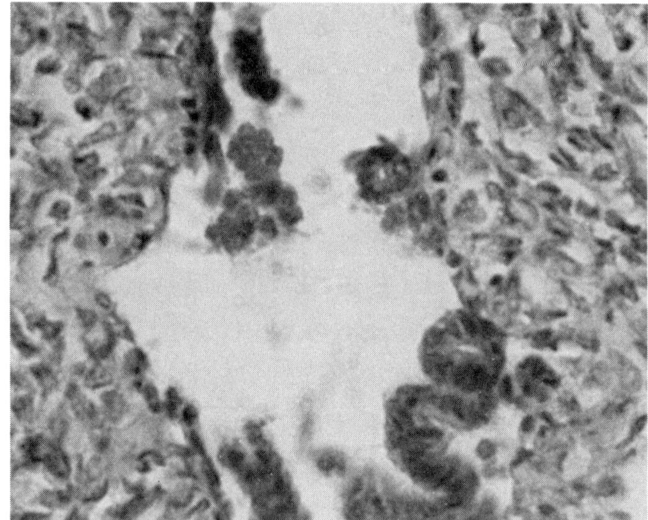

图15-16 NDV感染鸡输卵管6（HE染色，400倍）

扫码看彩图

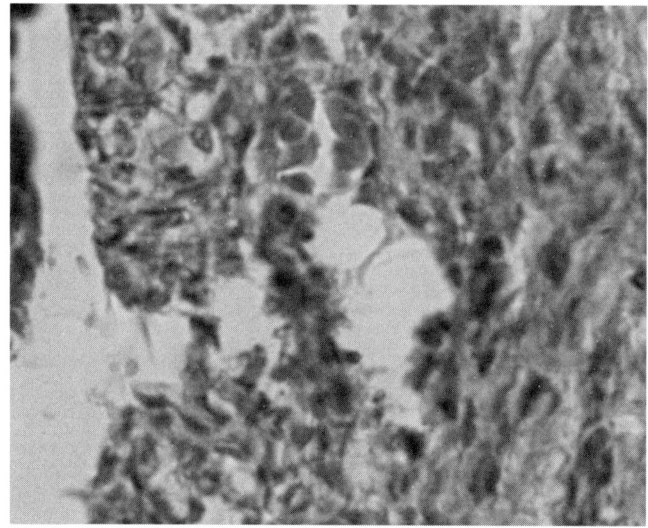

图15-17 NDV感染鸡输卵管7（HE染色，400倍）

扫码看彩图

第十六章　循环系统病理组织学诊断

一、心包

NDV感染鸡心包成纤维细胞空泡变性，心包腔内渗出纤维素、少量红细胞、炎性细胞（图16-1～图16-6）。

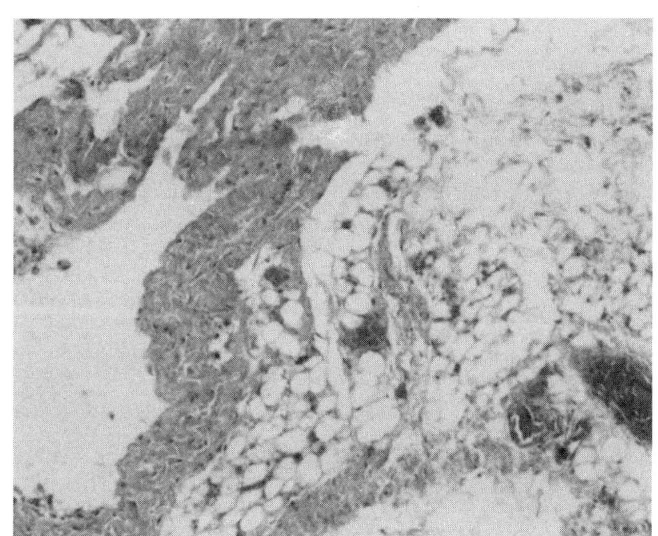

图16-1 NDV感染鸡心包1（HE染色，100倍）

扫码看彩图

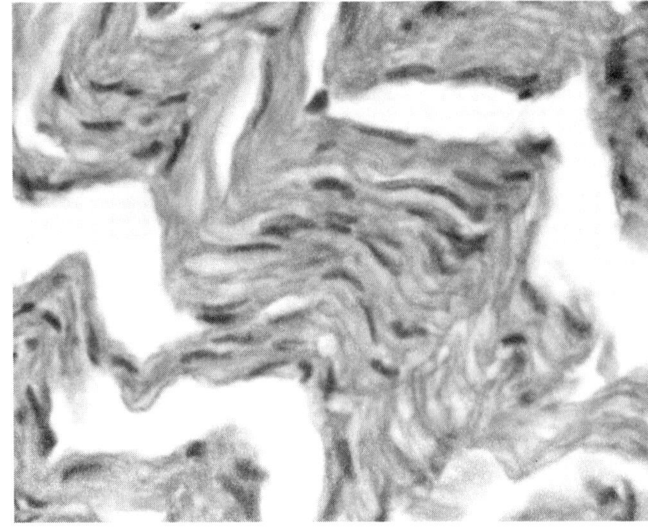

图16-2 NDV感染鸡心包2（HE染色，400倍）

扫码看彩图

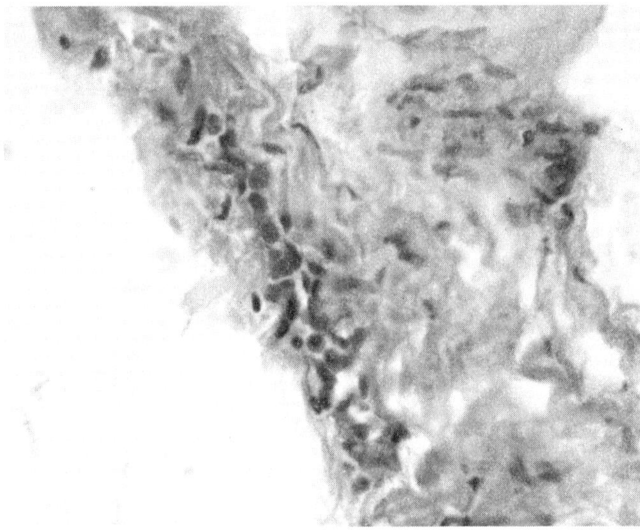

图16-3 NDV感染鸡心包3（HE染色，400倍）

扫码看彩图

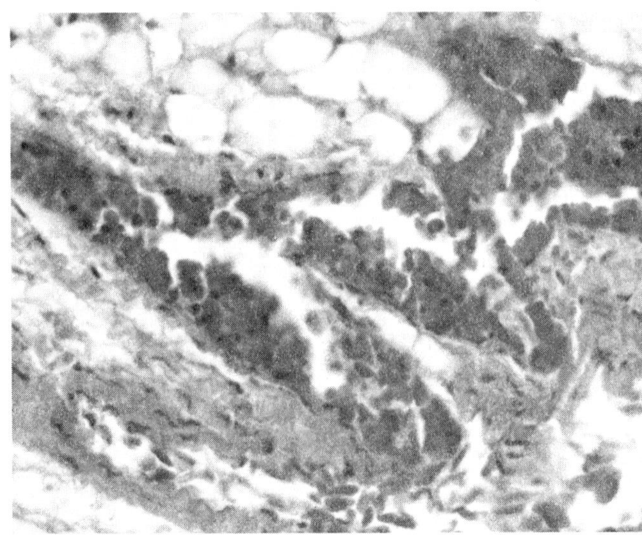

图16-4 NDV感染鸡心包4（HE染色，400倍）

扫码看彩图

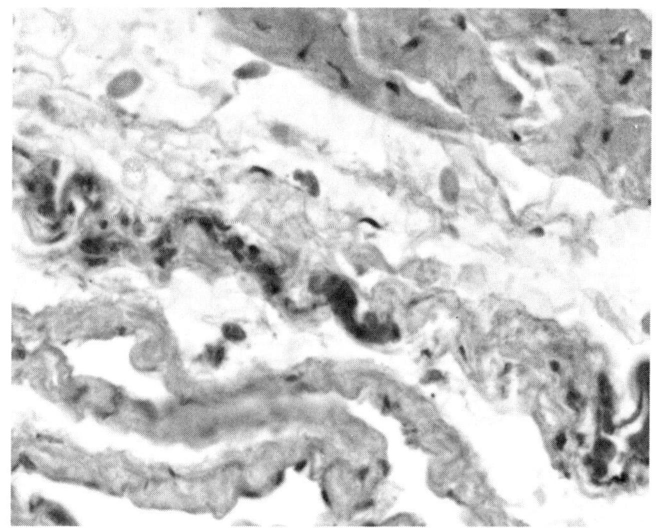

图16-5　NDV感染鸡心包5（HE染色，400倍）

扫码看彩图

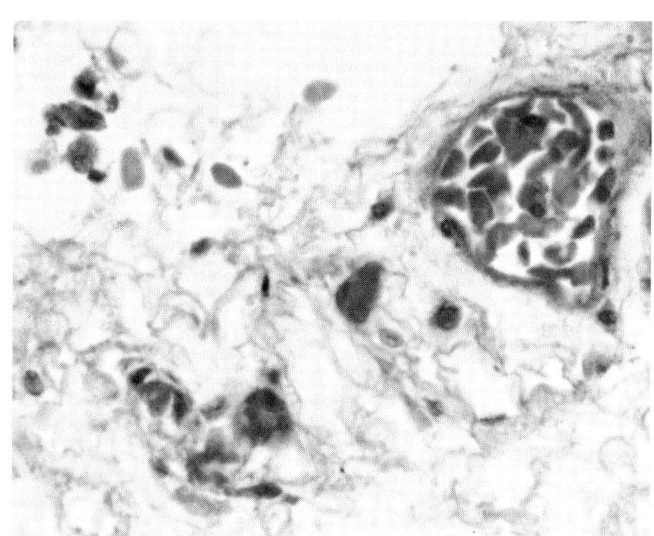

图16-6　NDV感染鸡心包6（HE染色，400倍）

扫码看彩图

二、心脏

心脏为含有四个腔的中空肌质器官，分别为左心房、左心室、右心房、右心室。

NDV感染鸡左心房间质水肿、充血，毛细血管弥漫性血管内凝血、心肌细胞颗粒变性、脂肪变性、断裂、坏死，横纹模糊，动脉管壁平滑肌细胞空泡变性，间质淋巴细胞浸润、成纤维细胞增生（图16-7～图16-12）。

NDV感染鸡左心室间质水肿，动脉血管壁平滑肌空泡变性、血管内皮细胞崩解脱落，心肌细胞颗粒变性、脂肪变性、崩解、坏死，横纹消失（图16-13～图16-16）。

NDV感染鸡右心房心肌纤维排列紊乱、间质水肿、静脉扩张充血，心肌细胞颗粒变性、脂肪变性、崩解、坏死，横纹消失，淋巴细胞浸润（图16-17～图16-21）。

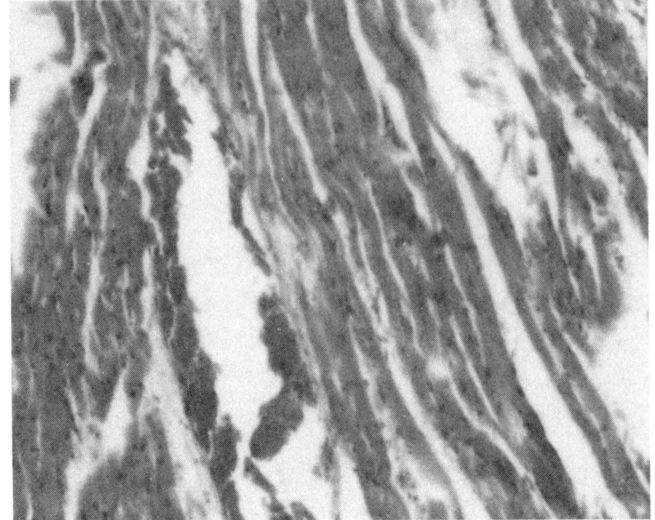

图16-7 NDV感染鸡左心房1（HE染色，100倍）

扫码看彩图

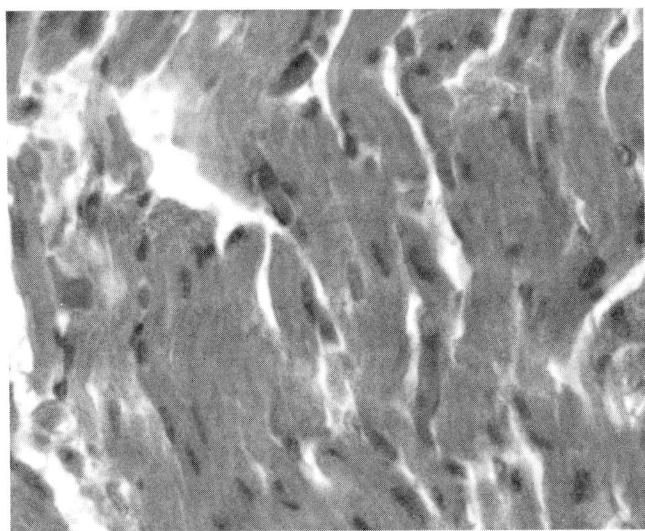

图16-8 NDV感染鸡左心房2（HE染色，400倍）

扫码看彩图

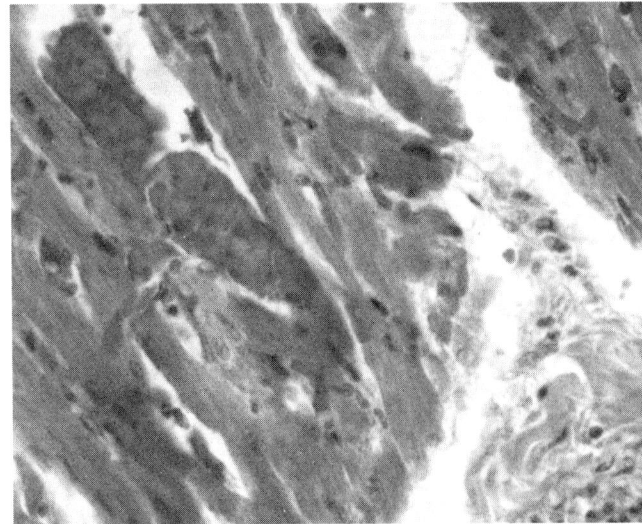

图16-9 NDV感染鸡左心房3（HE染色，400倍）

扫码看彩图

图16-10 NDV感染鸡左心房4（HE染色，400倍）

扫码看彩图

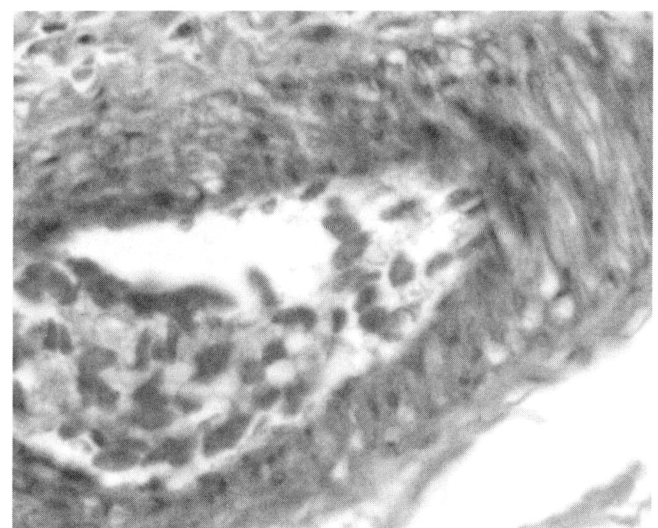

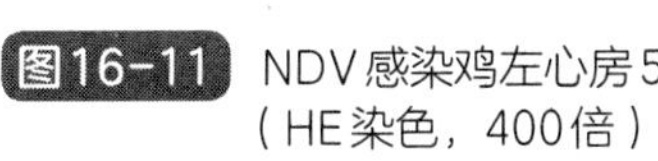

图16-11 NDV感染鸡左心房5（HE染色，400倍）

扫码看彩图

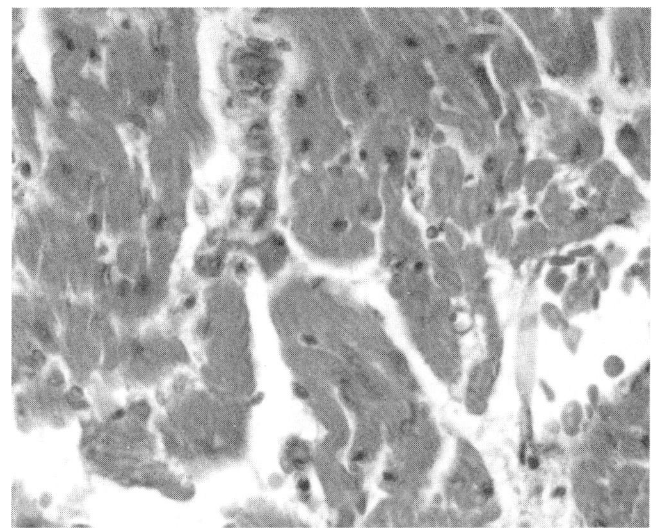

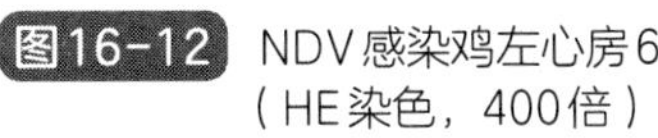

图16-12 NDV感染鸡左心房6（HE染色，400倍）

扫码看彩图

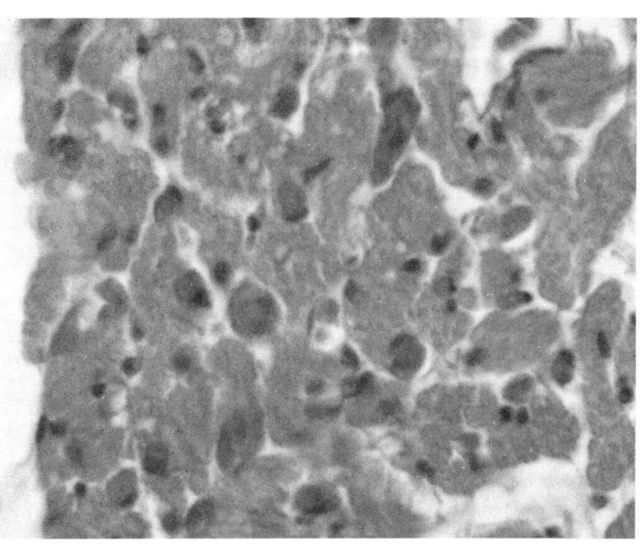

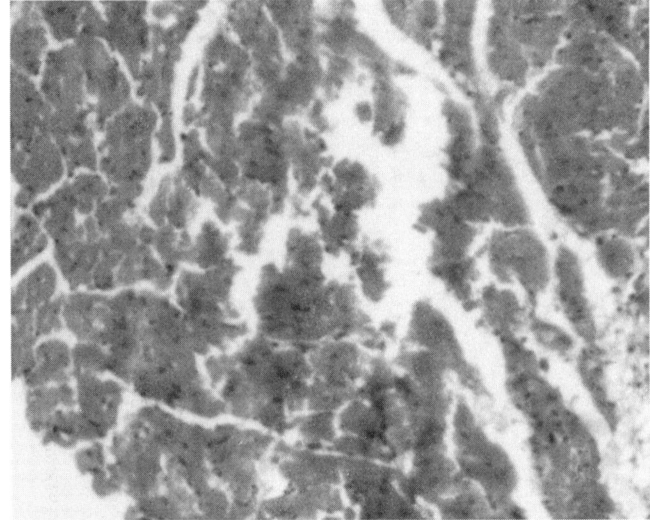

图16-13　NDV感染鸡左心室1（HE染色，100倍）

扫码看彩图

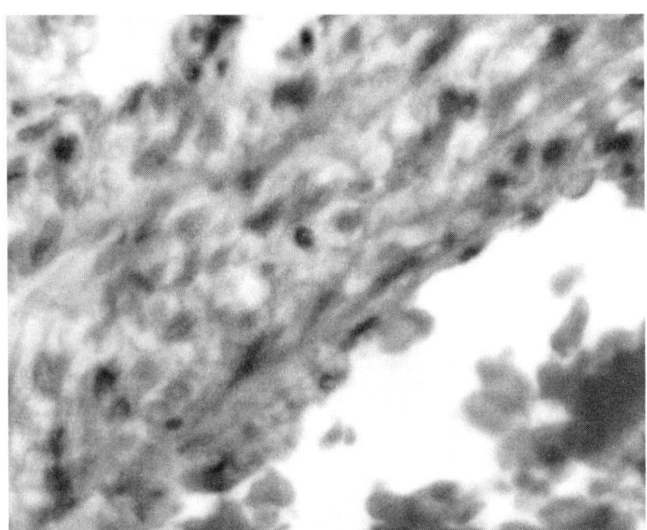

图16-14　NDV感染鸡左心室2（HE染色，400倍）

扫码看彩图

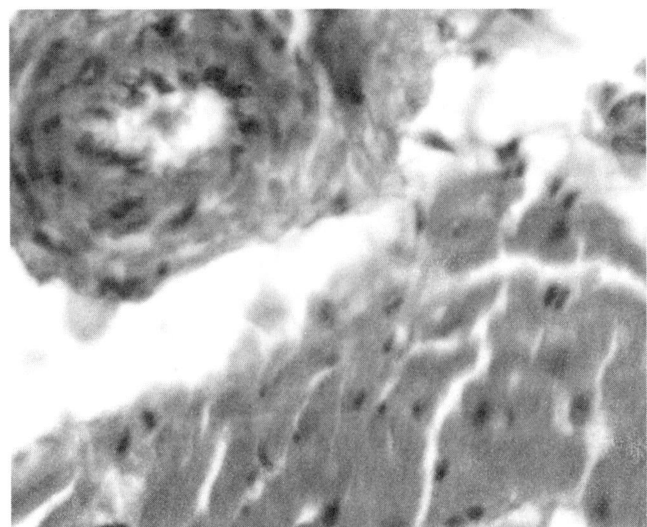

图16-15　NDV感染鸡左心室3（HE染色，400倍）

扫码看彩图

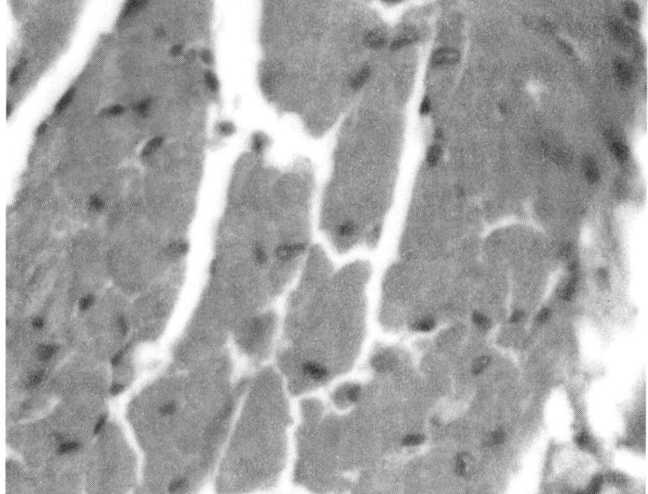

图16-16　NDV感染鸡左心室4
（HE染色，400倍）

扫码看彩图

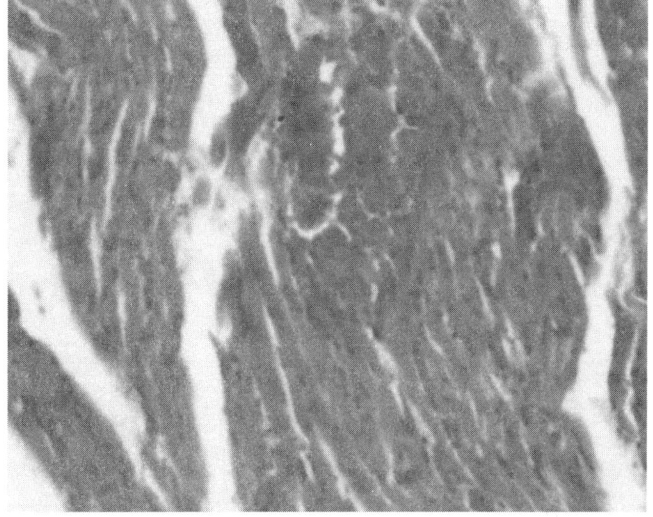

图16-17　NDV感染鸡右心房1
（HE染色，100倍）

扫码看彩图

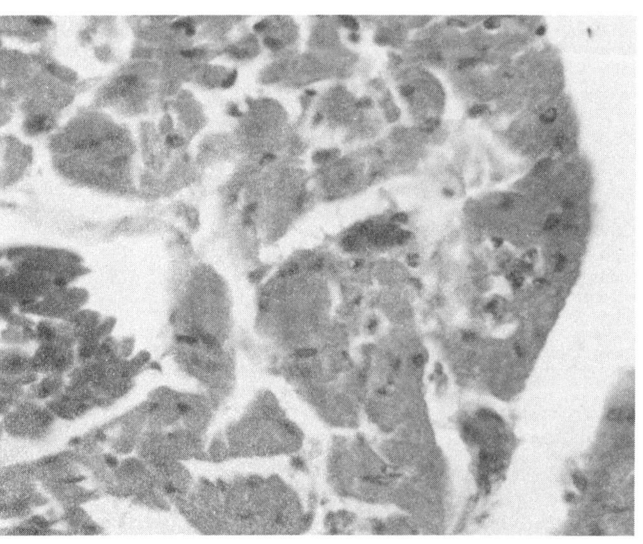

图16-18　NDV感染鸡右心房2
（HE染色，400倍）

扫码看彩图

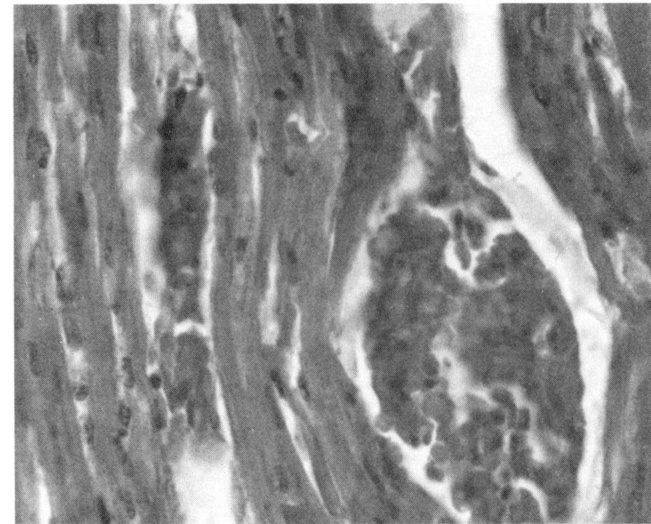

图16-19 NDV感染鸡右心房3（HE染色，400倍）

扫码看彩图

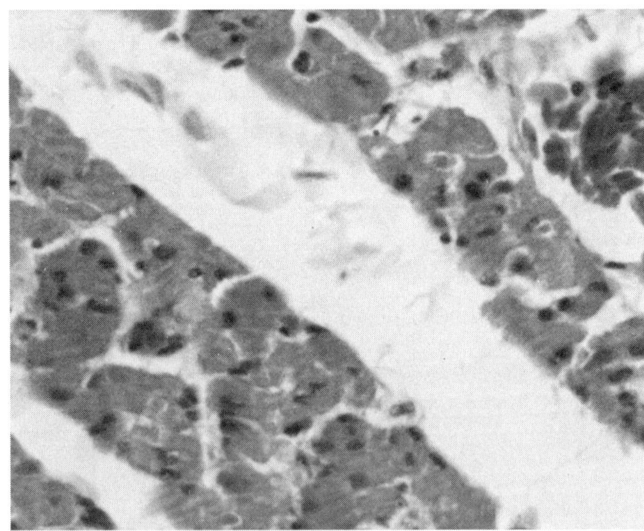

图16-20 NDV感染鸡右心房4（HE染色，400倍）

扫码看彩图

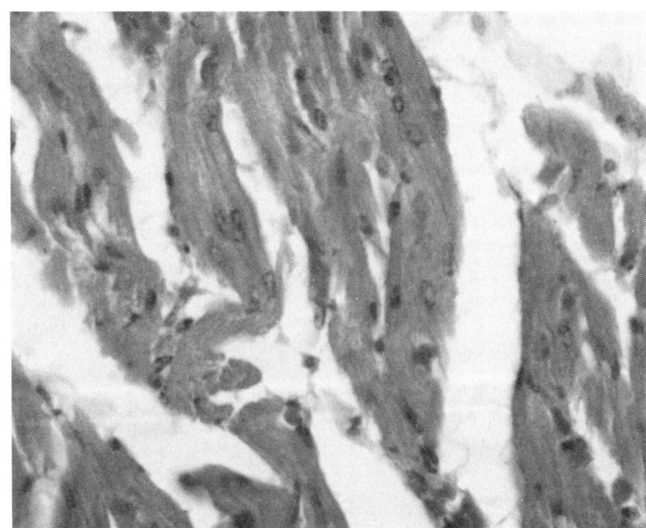

图16-21 NDV感染鸡右心房5（HE染色，400倍）

扫码看彩图

NDV感染鸡右心室心肌纤维排列紊乱、间质水肿、静脉显著扩张充血、轻微出血，心肌细胞脂肪变性、崩解、坏死，横纹消失，淋巴细胞浸润（图16-22～图16-27）。

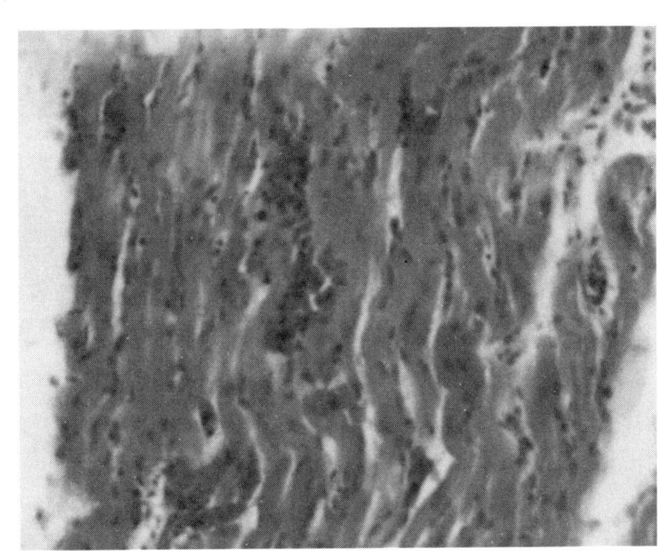

图16-22　NDV感染鸡右心室1（HE染色，100倍）

扫码看彩图

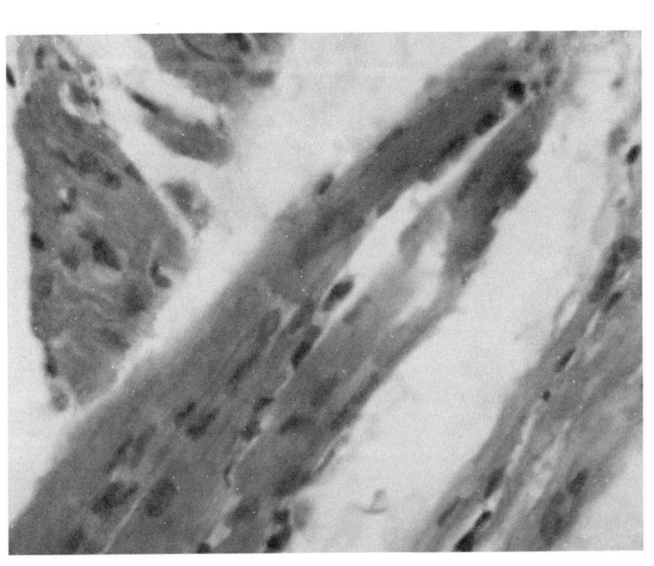

图16-23　NDV感染鸡右心室2（HE染色，400倍）

扫码看彩图

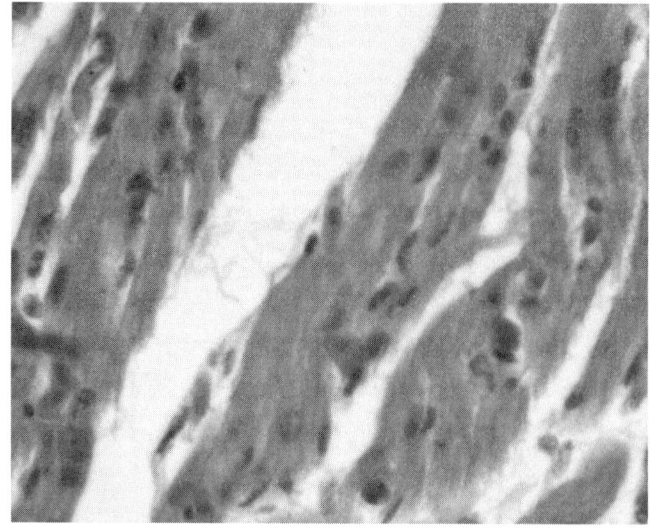

图16-24　NDV感染鸡右心室3（HE染色，400倍）

扫码看彩图

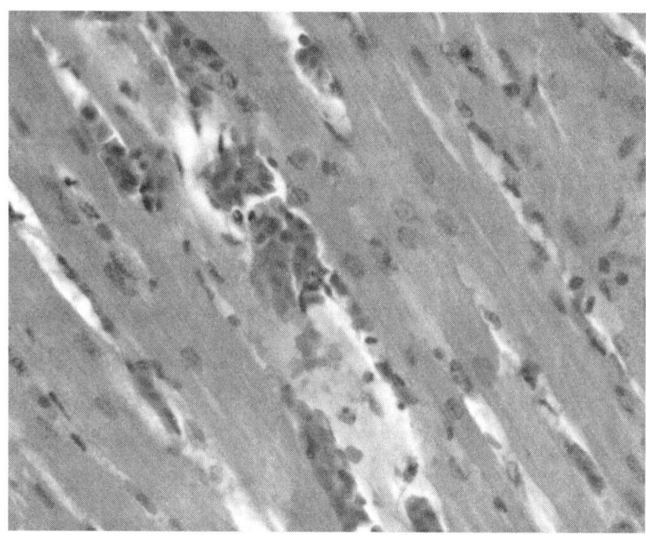

图16-25　NDV感染鸡右心室4（HE染色，400倍）

扫码看彩图

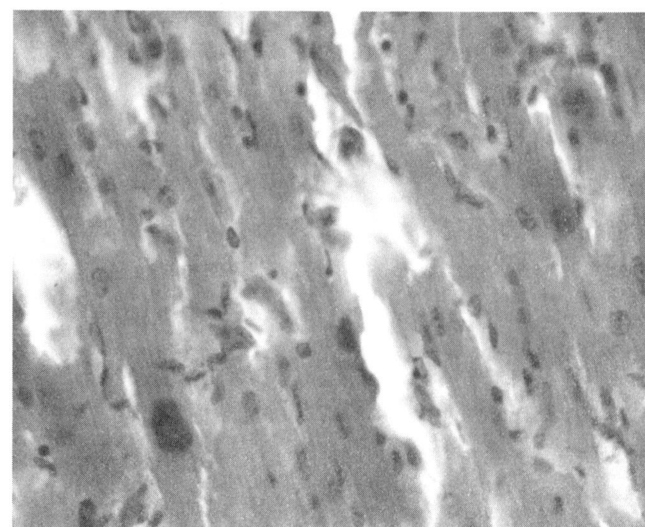

图16-26　NDV感染鸡右心室5（HE染色，400倍）

扫码看彩图

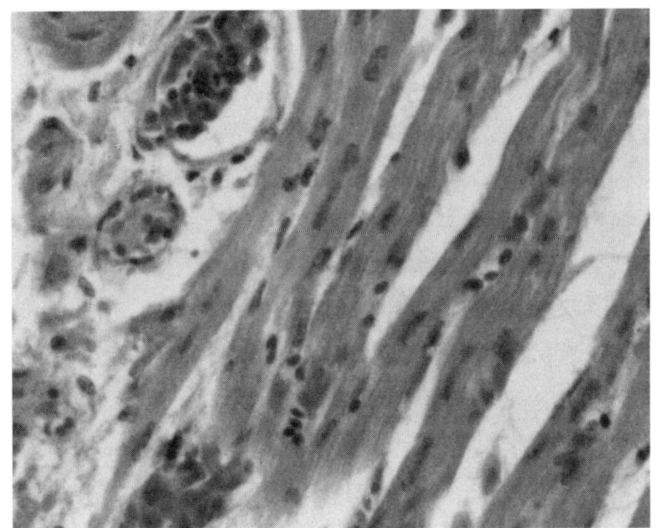

图16-27 NDV感染鸡右心室6（HE染色，400倍）

扫码看彩图

三、心脏传导系统

构成心脏传导系统的细胞包括起搏细胞、移行细胞和浦肯野纤维。

四、动脉

大、中、小动脉由内膜、中膜和外膜构成。NDV感染鸡主动脉、肺动脉壁扩张充血，平滑肌细胞黏液变性，血管内皮细胞变性、崩解脱落（图16-28～图16-36）。

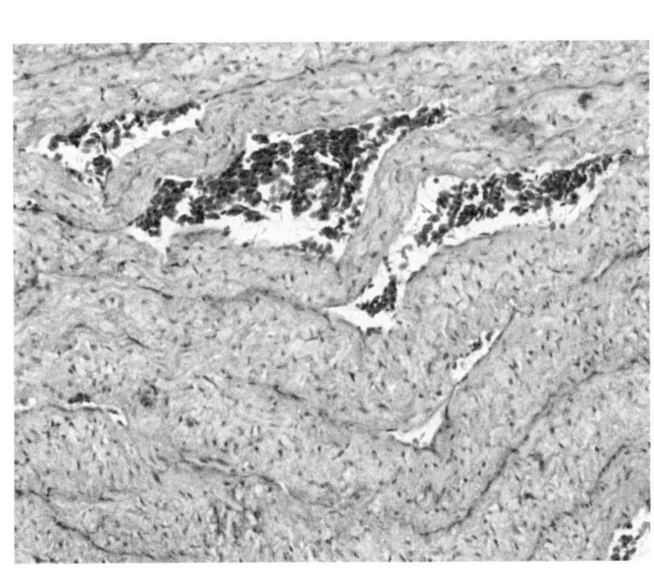

图16-28 NDV感染鸡主动脉1（HE染色，100倍）

扫码看彩图

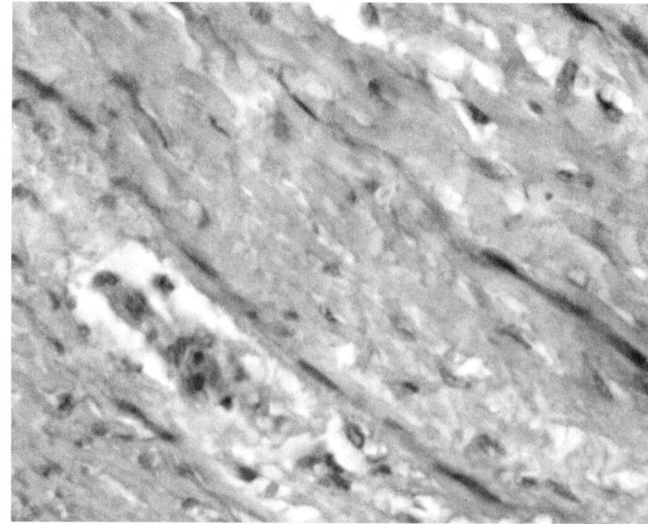

图16-29 NDV感染鸡主动脉2（HE染色，400倍）

扫码看彩图

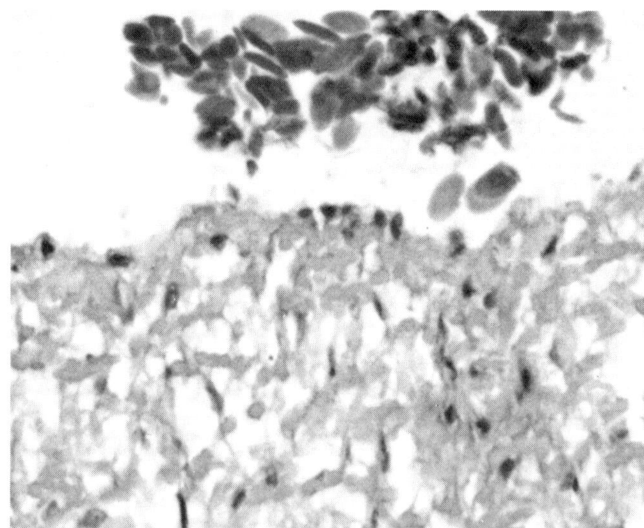

图16-30 NDV感染鸡主动脉3（HE染色，400倍）

扫码看彩图

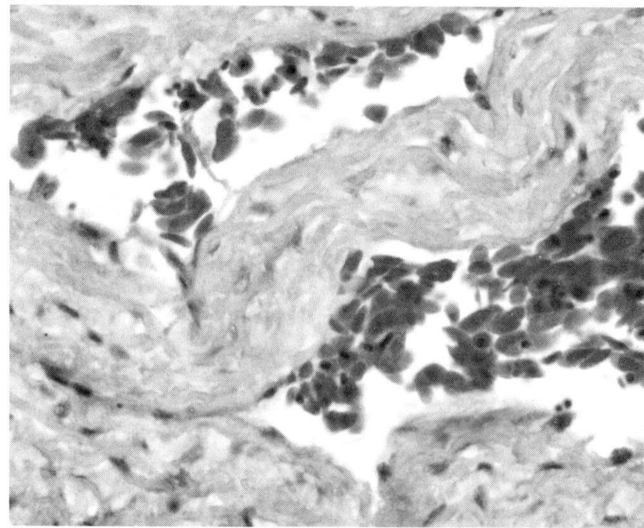

图16-31 NDV感染鸡主动脉4（HE染色，400倍）

扫码看彩图

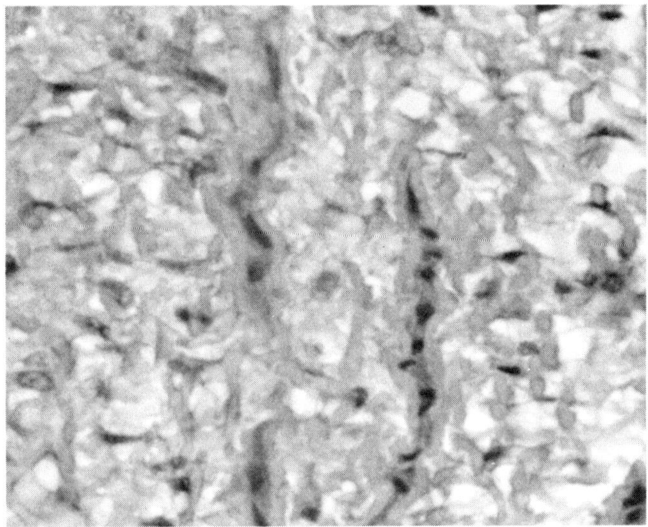

图16-32　NDV感染鸡主动脉5
（HE染色，400倍）

扫码看彩图

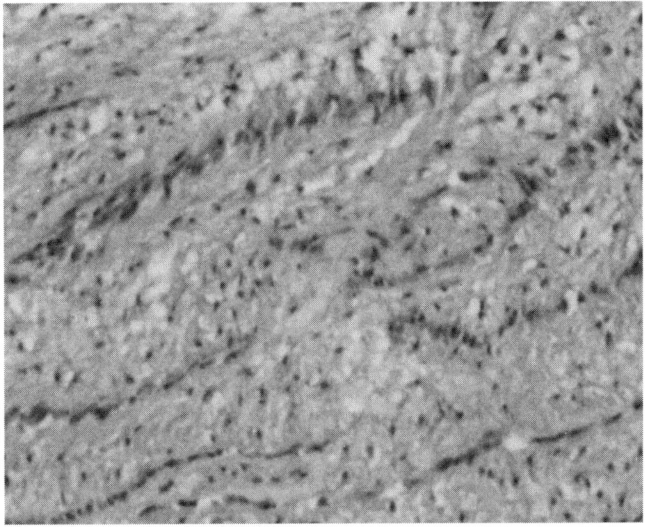

图16-33　NDV感染鸡肺动脉1
（HE染色，100倍）

扫码看彩图

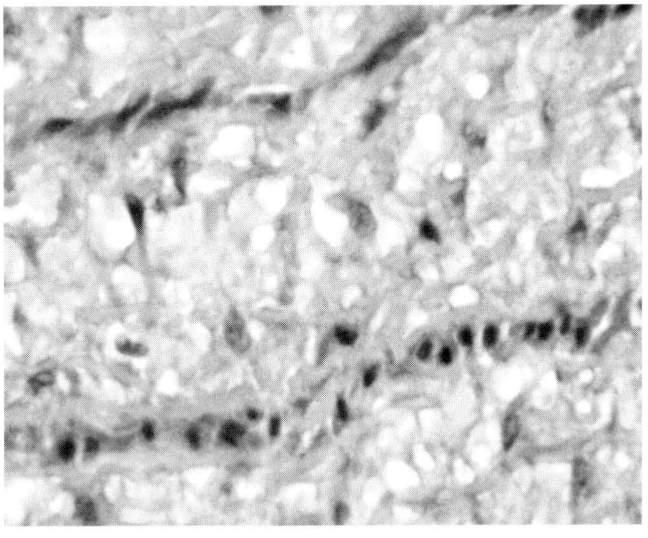

图16-34　NDV感染鸡肺动脉2
（HE染色，400倍）

扫码看彩图

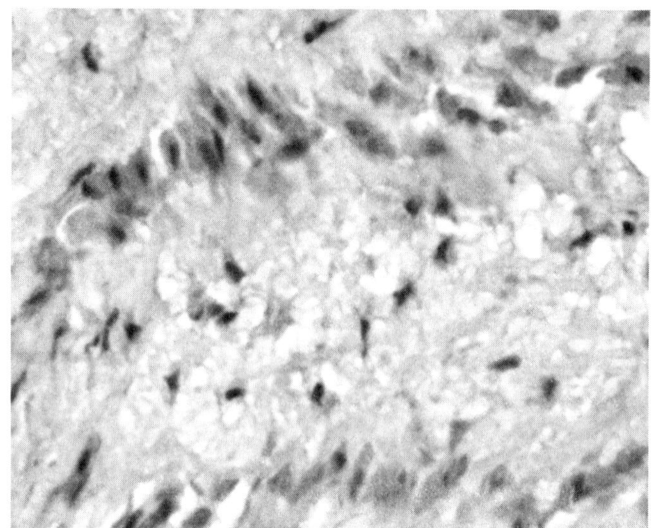

图16-35 NDV感染鸡肺动脉3（HE染色，400倍）

扫码看彩图

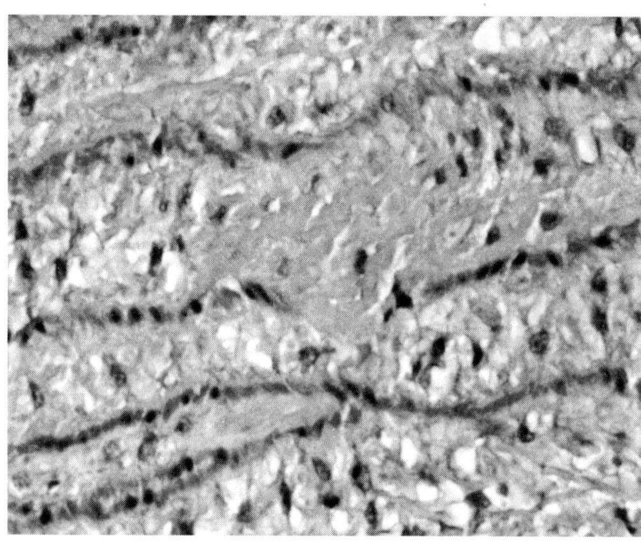

图16-36 NDV感染鸡肺动脉4（HE染色，400倍）

扫码看彩图

五、静脉

大、中、小静脉内皮为单层扁平上皮，中膜含有少量平滑肌，弹性纤维少，弹性较小。微静脉管径渐细，管壁几乎没有平滑肌。NDV感染鸡静脉极度扩张淤血（图16-37）。

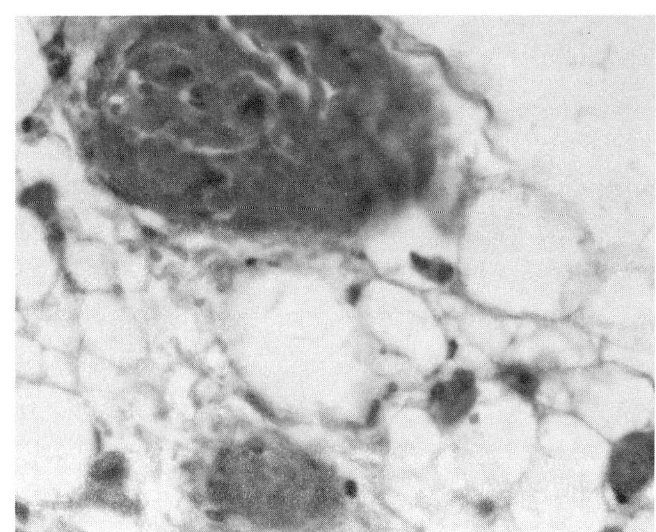

图16-37 NDV感染鸡腹腔静脉（HE染色，400倍）

扫码看彩图

六、毛细血管

毛细血管为管径最细、管壁最薄、分布最广、由一层内皮和基膜构成的小血管。有孔毛细血管内皮细胞有窗孔，由隔膜封闭，通过窗孔进行物质交换。窦状毛细血管内皮细胞间隙较大，又称血窦，通过间隙进行物质交换。

NDV感染鸡，毛细血管扩张、充血（图16-38）。

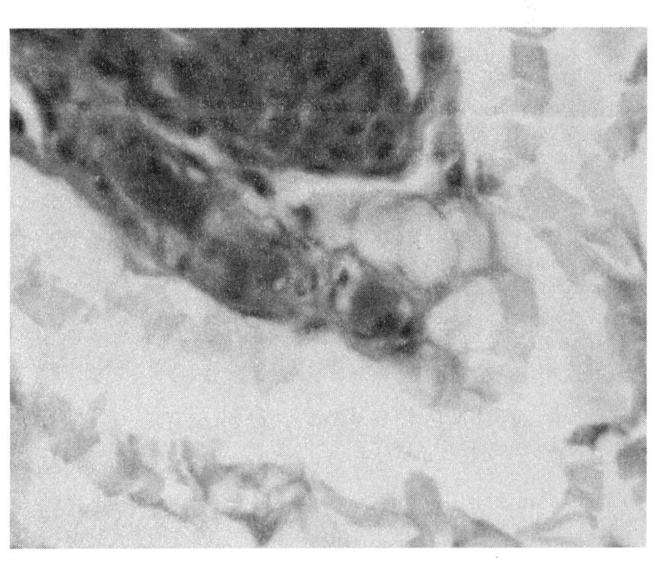

图16-38 NDV感染鸡颈部皮肤毛细血管（HE染色，400倍）

扫码看彩图

第十七章 免疫系统病理组织学诊断

一、脾脏

表面覆盖有较厚的结缔组织被膜，伸入实质内后分支形成小梁，相互连接构成脾的粗支架，内含平滑肌，收缩调节脾内的血流量。实质由白髓、红髓和不明显的边缘区构成。NDV感染鸡脾小体生发中心中央动脉内皮细胞崩解、脱落，血管周围大量粉红色淀粉样物质沉积，淋巴细胞坏死，脾红髓边缘有大量的淀粉样物质沉积（图17-1 ～图17-7）。

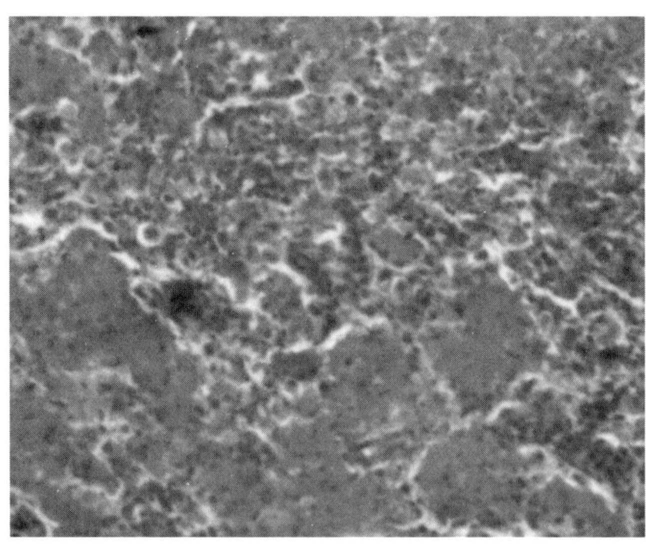

图17-1 NDV感染鸡脾脏组织1（HE染色，100倍）

扫码看彩图

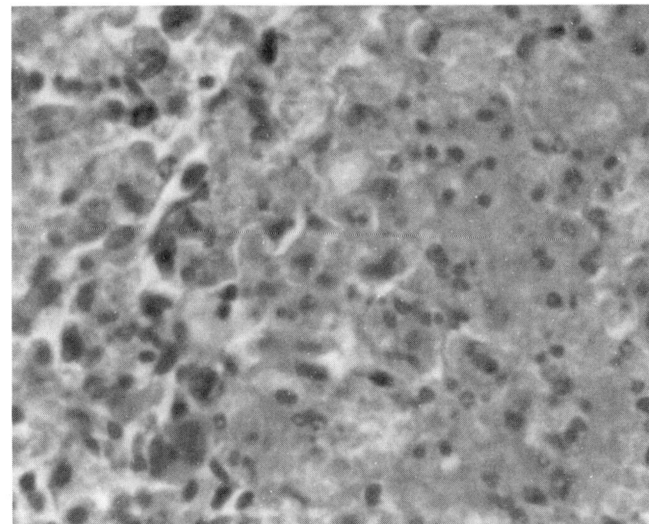

图17-2 NDV感染鸡脾脏组织2（HE染色，400倍）

扫码看彩图

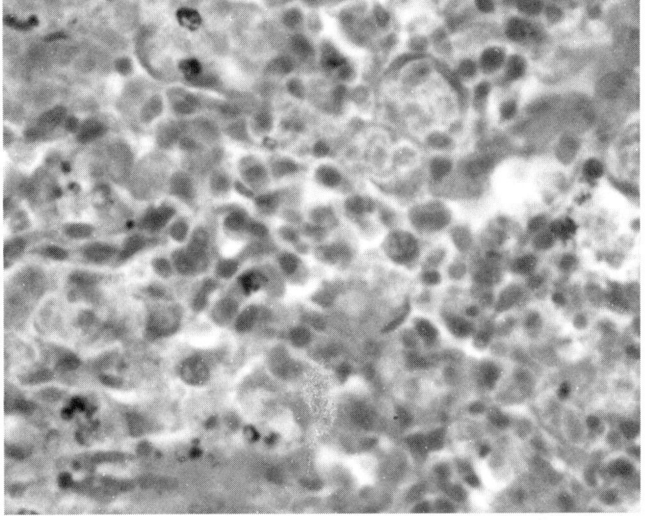

图17-3 NDV感染鸡脾脏组织3（HE染色，400倍）

扫码看彩图

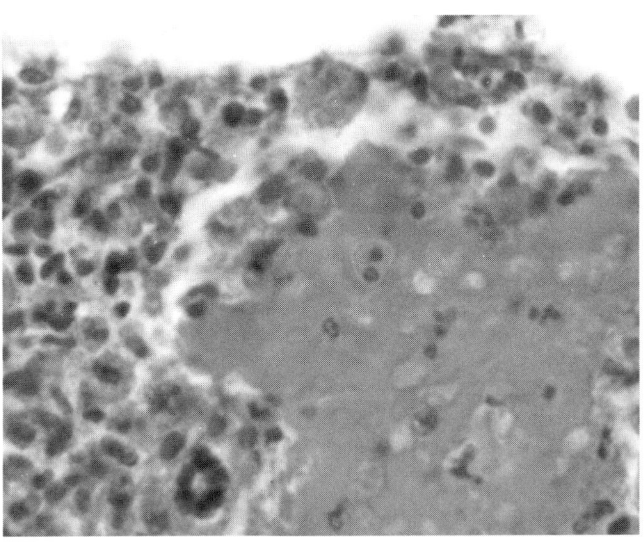

图17-4 NDV感染鸡脾脏组织4（HE染色，400倍）

扫码看彩图

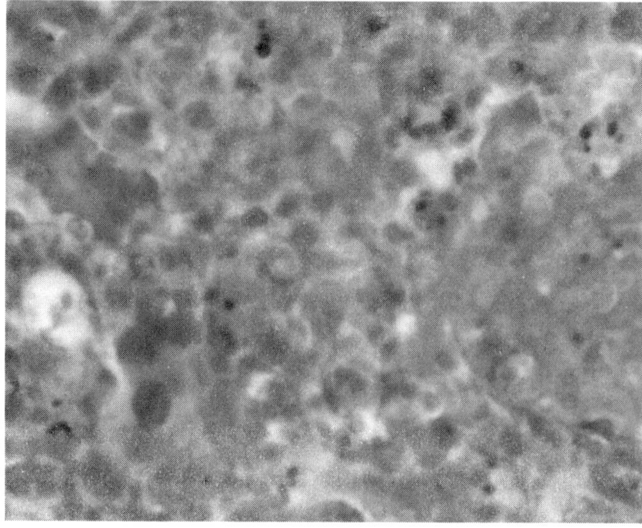

图17-5　NDV感染鸡脾脏组织5（HE染色，400倍）

扫码看彩图

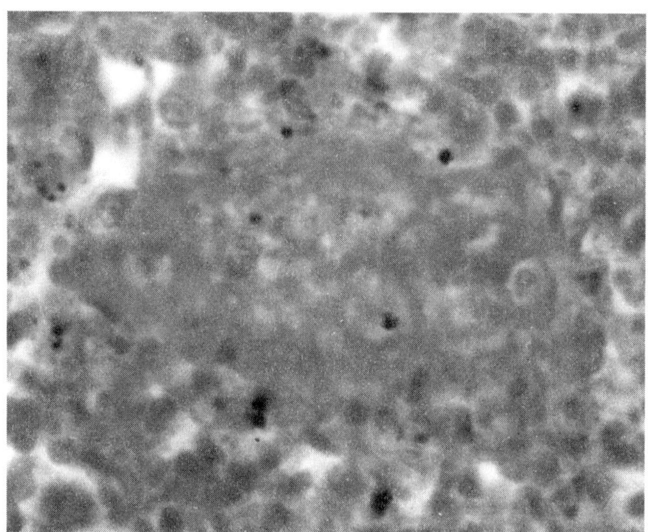

图17-6　NDV感染鸡脾脏组织6（HE染色，400倍）

扫码看彩图

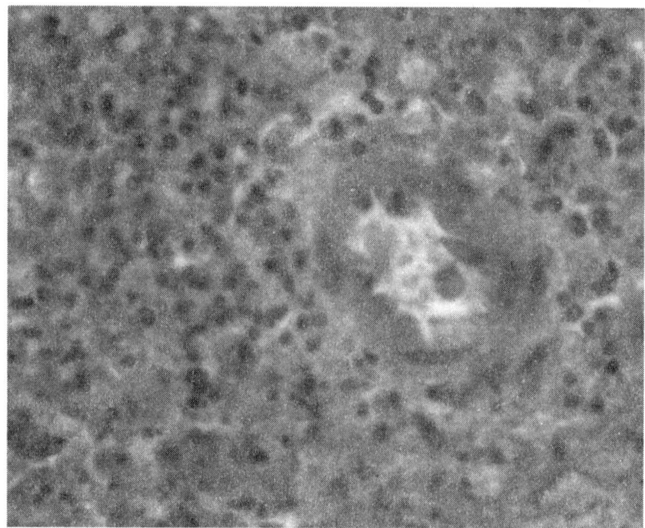

图17-7　NDV感染鸡脾脏组织7（HE染色，400倍）

扫码看彩图

二、胸腺

被膜为含有较多胶原纤维和少量弹性纤维的结缔组织，伸入胸腺内，将实质分隔为由皮质和髓质构成的腺小叶。NDV感染鸡胸腺皮质、髓质区组织分界稍模糊，结缔组织增生，血管充血；高倍镜下皮质区淋巴小结间杂多量红细胞，明显出血、淋巴细胞坏死，网状细胞空泡变性，毛细血管弥漫性血管内凝血；静脉显著淤血，淋巴细胞和网状细胞坏死（图17-8～图17-15）。

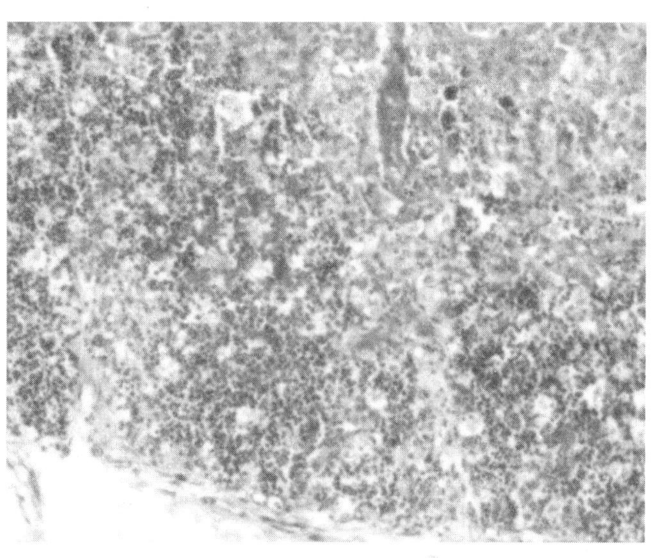

图17-8　NDV感染鸡胸腺组织1（HE染色，100倍）

扫码看彩图

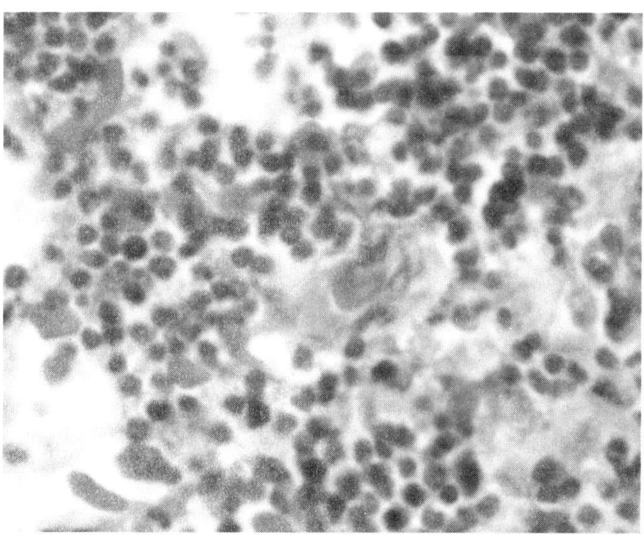

图17-9　NDV感染鸡胸腺组织2（HE染色，400倍）

扫码看彩图

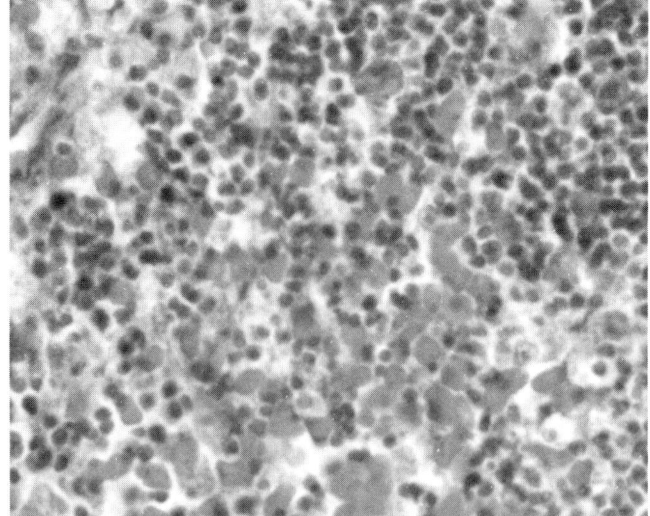

图17-10 NDV感染鸡胸腺组织3（HE染色，400倍）

扫码看彩图

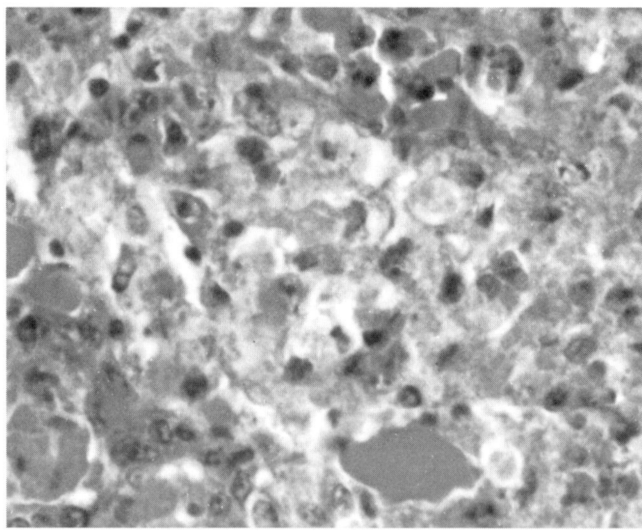

图17-11 NDV感染鸡胸腺组织4（HE染色，400倍）

扫码看彩图

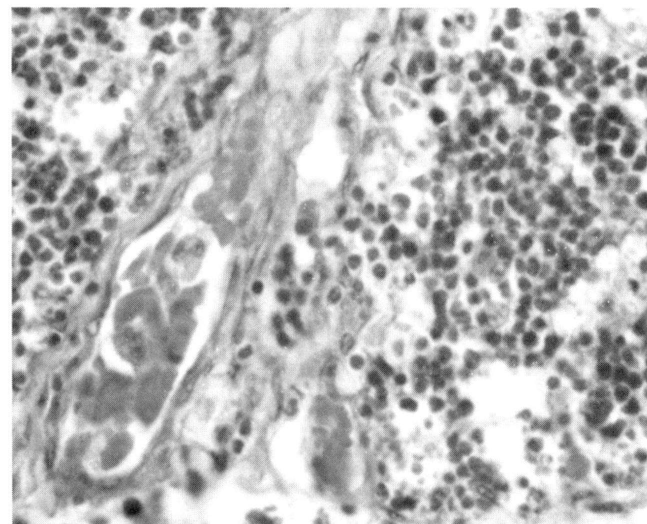

图17-12 NDV感染鸡胸腺组织5（HE染色，400倍）

扫码看彩图

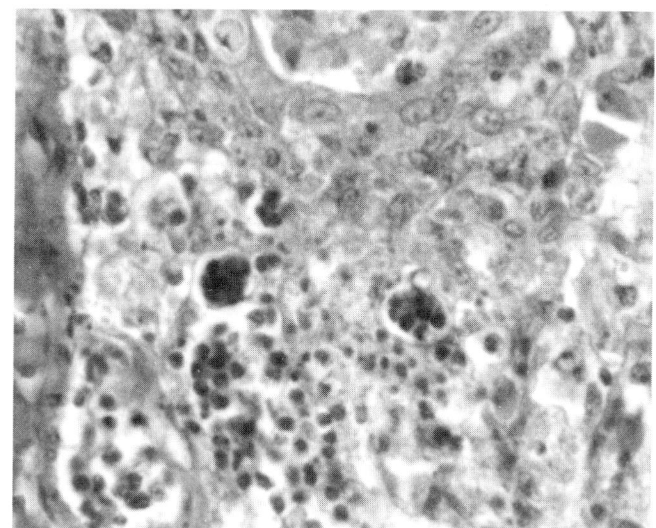

图17-13 NDV感染鸡胸腺组织6（HE染色，400倍）

扫码看彩图

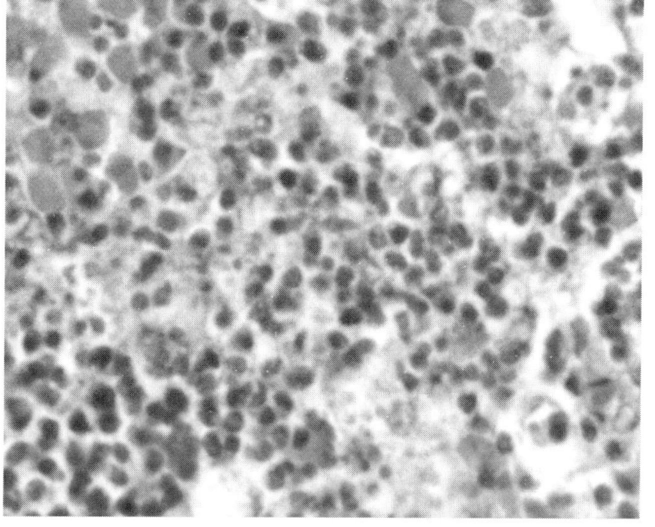

图17-14 NDV感染鸡胸腺组织7（HE染色，400倍）

扫码看彩图

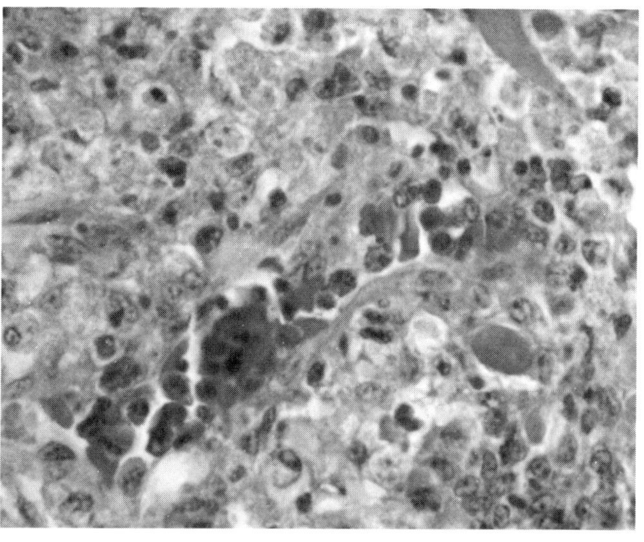

图17-15 NDV感染鸡胸腺组织8（HE染色，400倍）

扫码看彩图

三、法氏囊

法氏囊组织结构由内向外依次为黏膜、黏膜下层、肌层、外膜。

NDV感染鸡法氏囊腔淋巴滤泡呈圆形、椭圆形，大小不一，体积稍缩小，毛细血管扩张充血，损伤严重的淋巴滤泡髓质区出现数十个大小不等的白色空泡，呈蜂巢状，固有层结缔组织增生；高倍镜下固有层结缔组织毛细血管扩张、充盈多量红细胞。淋巴滤泡皮质区毛细血管亦显著充血，髓质区缩小、内有多个大小不一的白色空泡。淋巴细胞核浓缩、破碎，有典型的坏死病理变化。随着损伤程度的加重，滤泡中央出现小空泡结构，固有层结缔组织内大量成纤维细胞增生；淋巴滤泡中央小空泡逐渐融化成单一椭圆形中空的囊腺结构（图17-16～图17-24）。

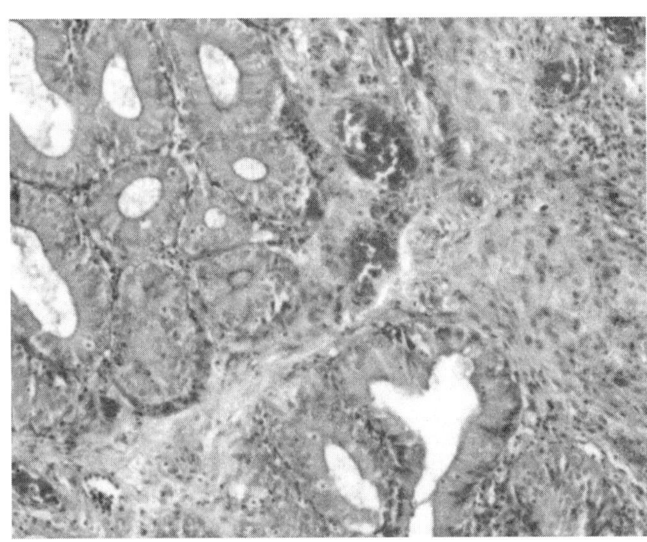

图17-16 NDV感染法氏囊组织1（HE染色，100倍）

扫码看彩图

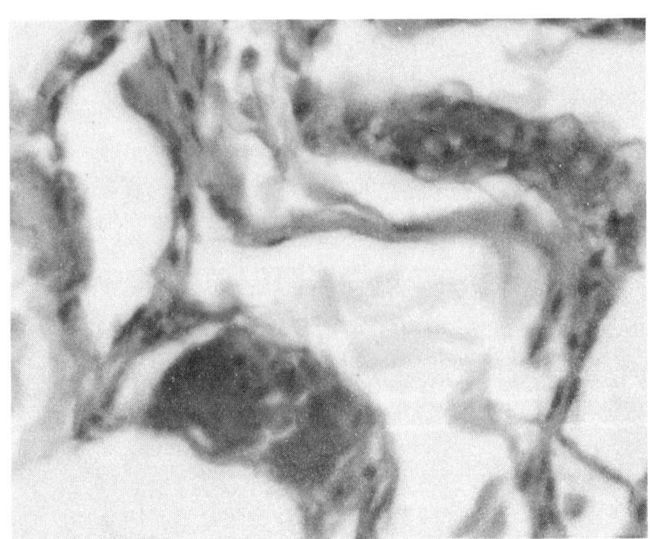

图17-17 NDV感染法氏囊组织2（HE染色，400倍）

扫码看彩图

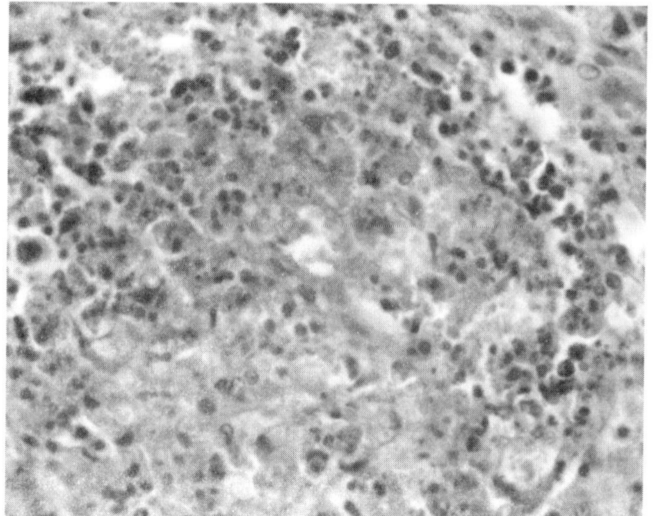

图17-18　NDV感染法氏囊组织3（HE染色，400倍）

扫码看彩图

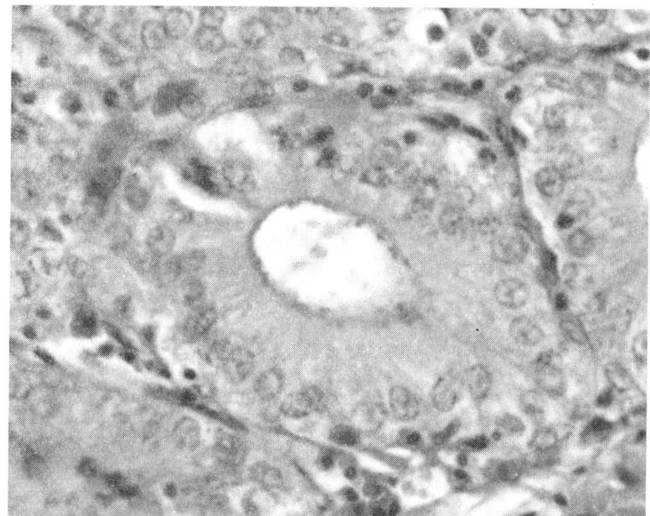

图17-19　NDV感染法氏囊组织4（HE染色，400倍）

扫码看彩图

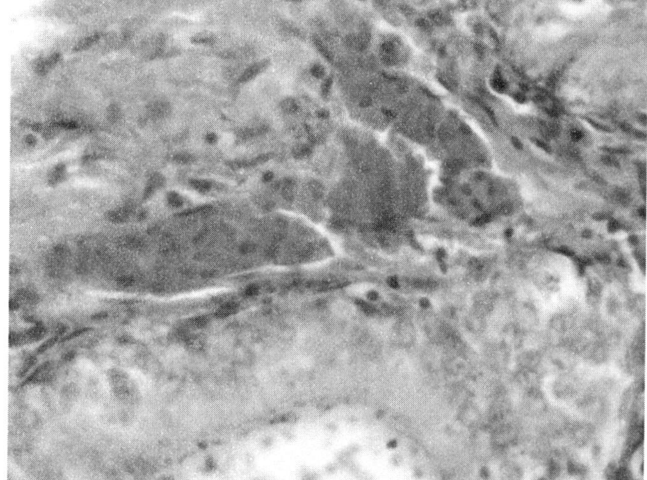

图17-20　NDV感染法氏囊组织5（HE染色，400倍）

扫码看彩图

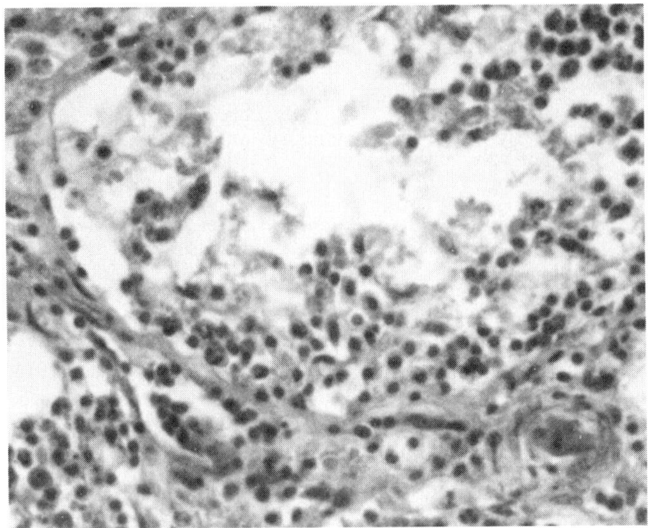

图17-21 NDV感染法氏囊组织6（HE染色，400倍）

扫码看彩图

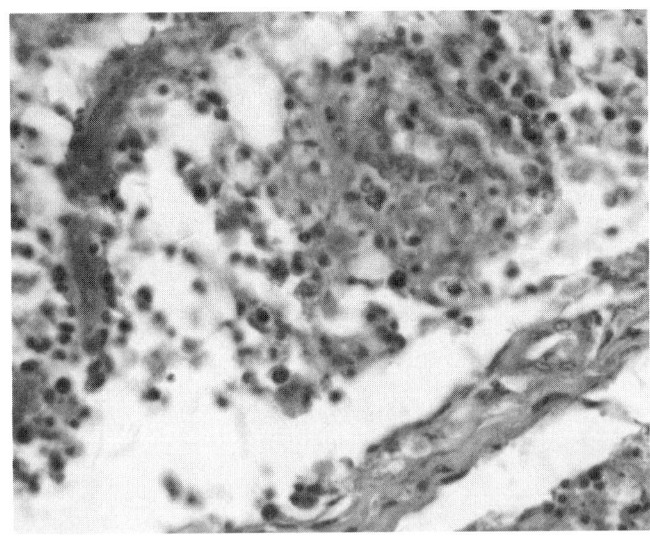

图17-22 NDV感染法氏囊组织7（HE染色，400倍）

扫码看彩图

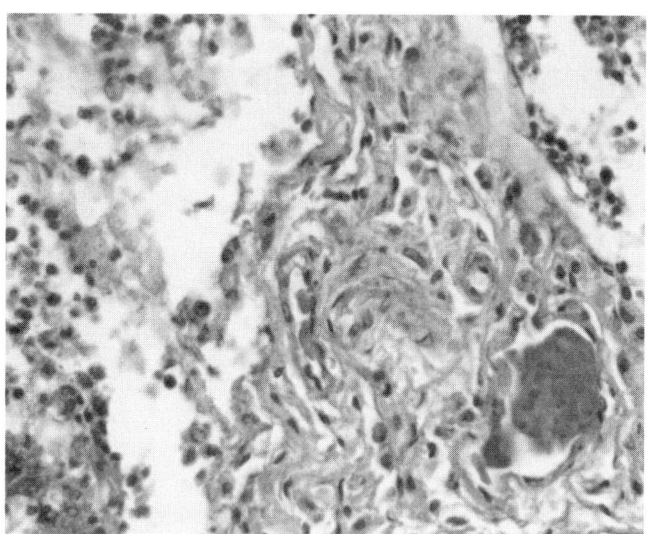

图17-23 NDV感染法氏囊组织8（HE染色，400倍）

扫码看彩图

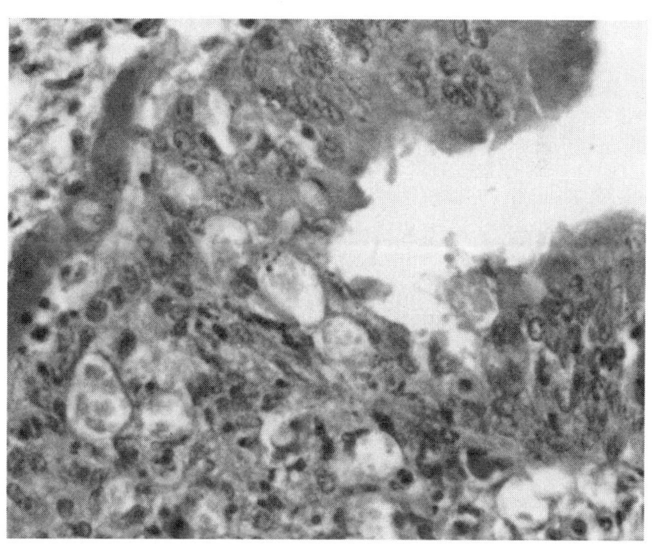

图17-24 NDV感染法氏囊组织9（HE染色，400倍）

扫码看彩图

第十八章 神经系统病理组织学诊断

神经组织主要由神经细胞和神经胶质细胞组成。脑在解剖结构上包括大脑、中脑、嗅球、小脑、脑干。新城疫病毒侵染神经系统，其病理损伤主要表现在神经细胞变性、坏死，胶质细胞增生，血管充血、出血，血管套形成等方面。

一、大脑组织

NDV感染鸡毛细血管扩张充血，毛细血管、神经元外有大量空泡结构，为脑水肿的特征，神经元细胞变性、固缩，胶质细胞增生，表现为噬神经元病变（图18-1～图18-7）。

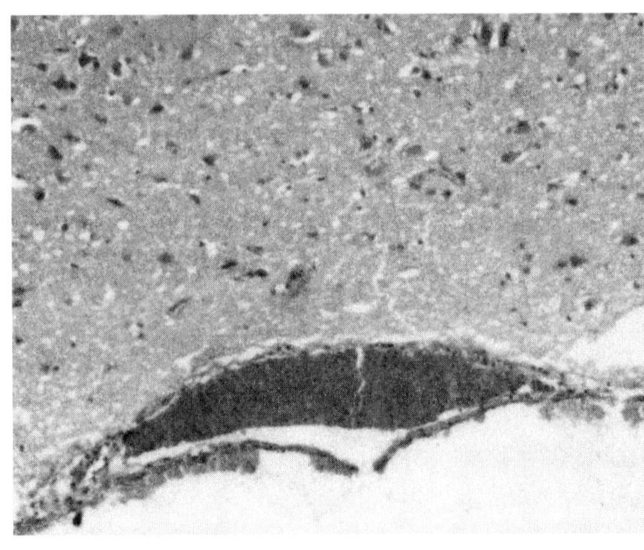

图18-1 NDV感染鸡大脑组织1（HE染色，100倍）

扫码看彩图

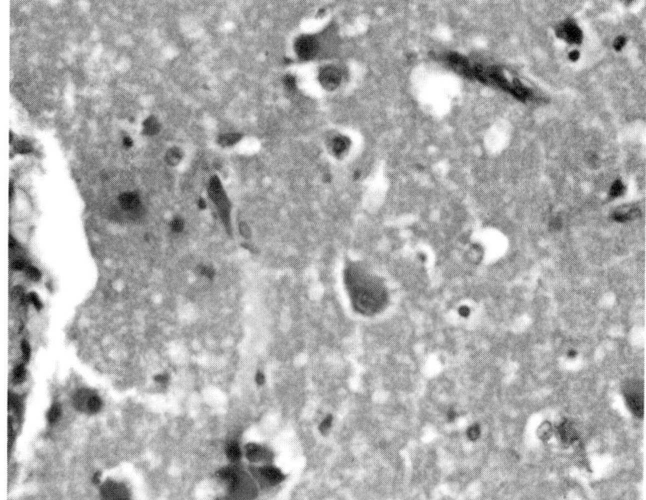

图18-2 NDV感染鸡大脑组织2（HE染色，400倍）

扫码看彩图

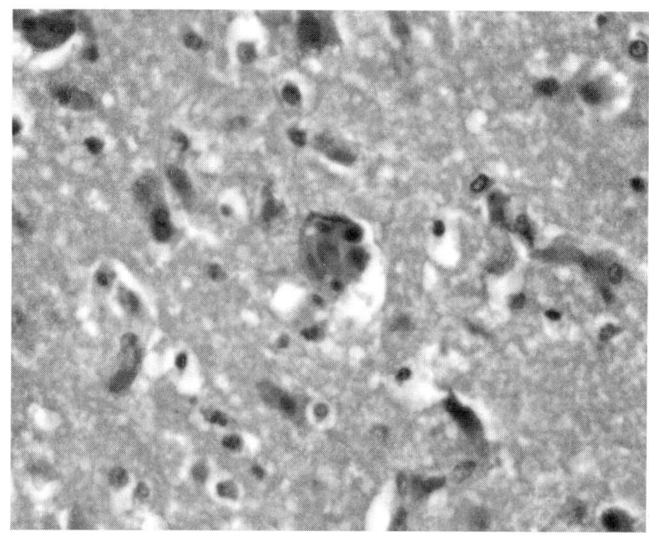

图18-3 NDV感染鸡大脑组织3（HE染色，400倍）

扫码看彩图

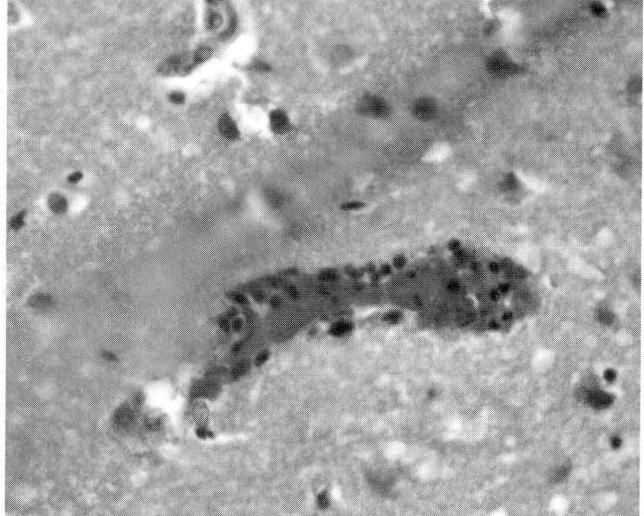

图18-4 NDV感染鸡大脑组织4（HE染色，400倍）

扫码看彩图

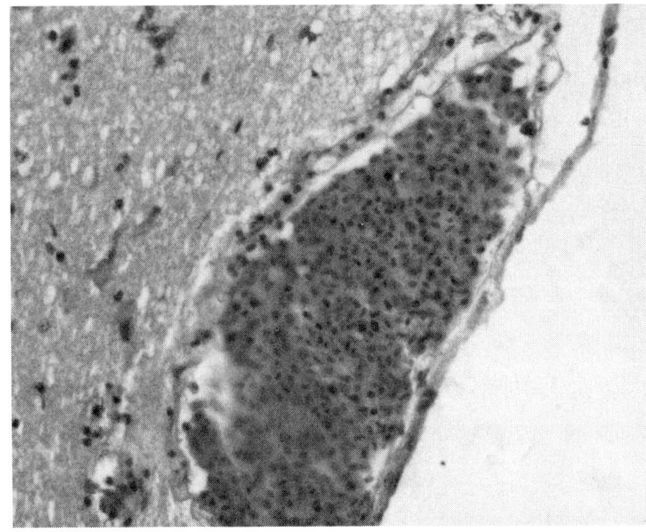

图18-5 NDV感染鸡大脑组织5（HE染色，400倍）

扫码看彩图

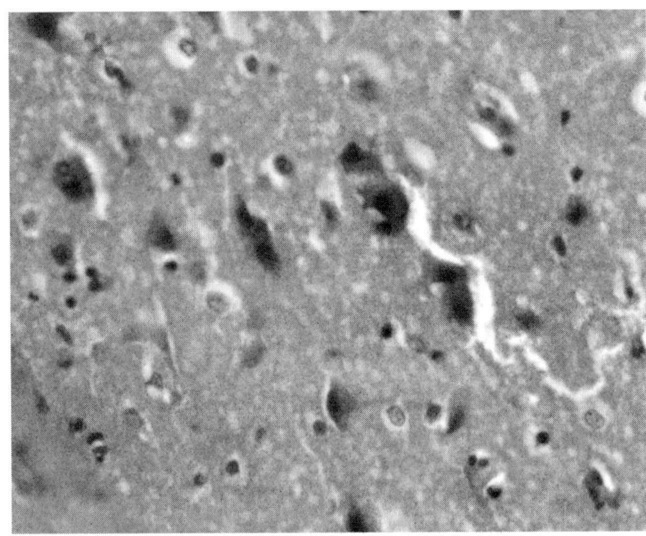

图18-6 NDV感染鸡大脑组织6（HE染色，400倍）

扫码看彩图

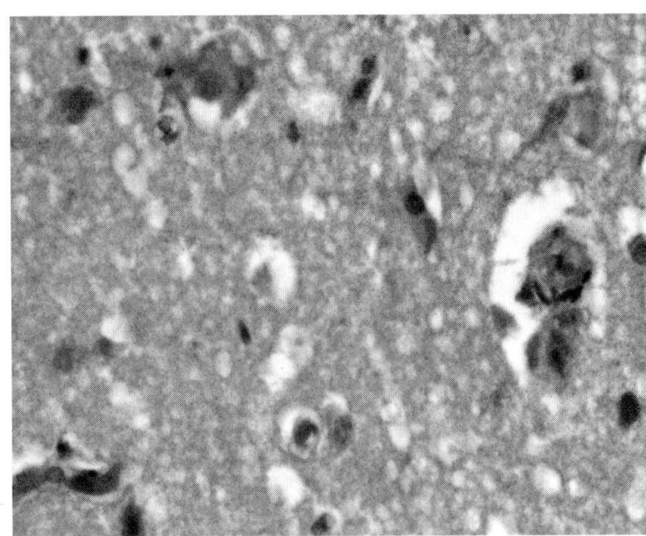

图18-7 NDV感染鸡大脑组织7（HE染色，400倍）

扫码看彩图

二、中脑组织

NDV感染鸡毛细血管扩张充血、弥漫性血管内凝血，间质脑水肿，静脉混合血栓形成，少突胶质细胞增生，神经纤维脱髓鞘，表现为噬神经元、神经元固缩病变（图18-8～图18-14）。

三、小脑组织

NDV感染鸡大量少突胶质细胞增生，浦肯野细胞变性、坏死、固缩，噬神经元现象，毛细血管充血，神经纤维脱髓鞘作用（图18-15～图18-21）。

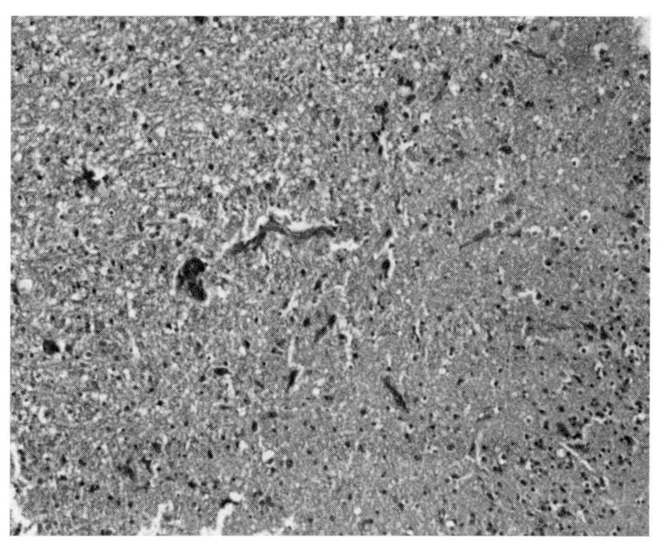

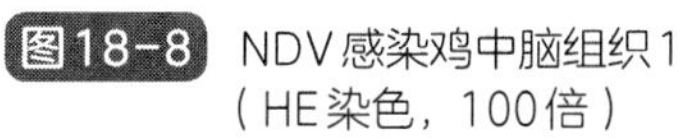
图18-8 NDV感染鸡中脑组织1（HE染色，100倍）

扫码看彩图

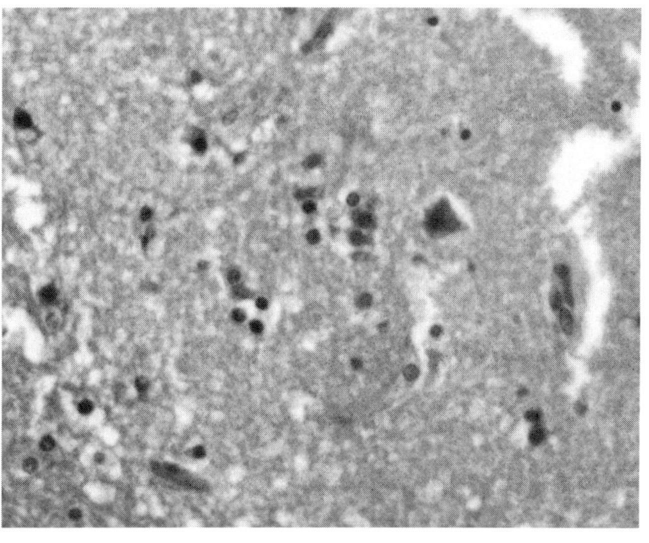

图18-9 NDV感染鸡中脑组织2（HE染色，400倍）

扫码看彩图

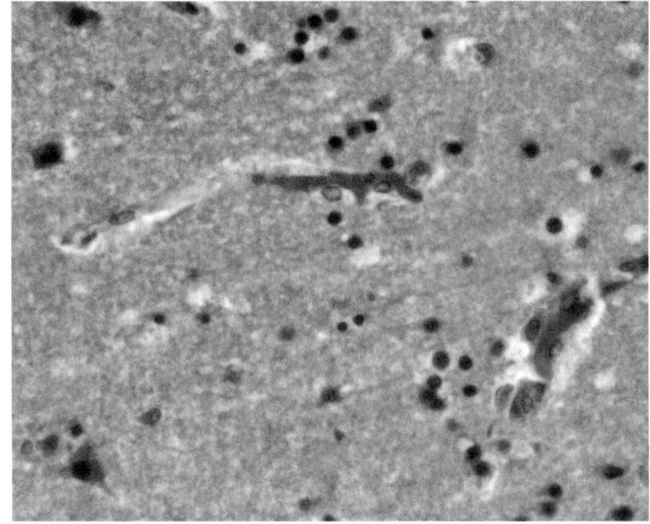

图18-10　NDV感染鸡中脑组织3（HE染色，400倍）

扫码看彩图

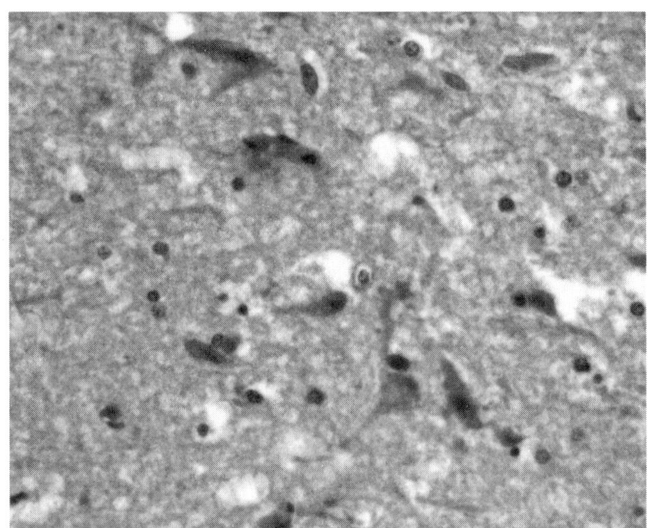

图18-11　NDV感染鸡中脑组织4（HE染色，400倍）

扫码看彩图

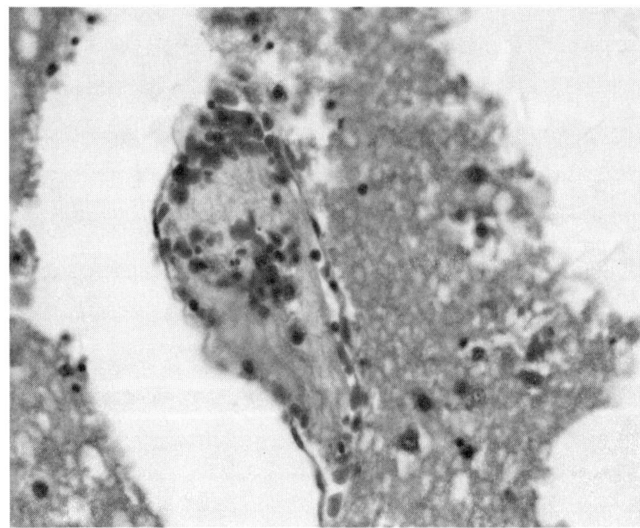

图18-12　NDV感染鸡中脑组织5（HE染色，400倍）

扫码看彩图

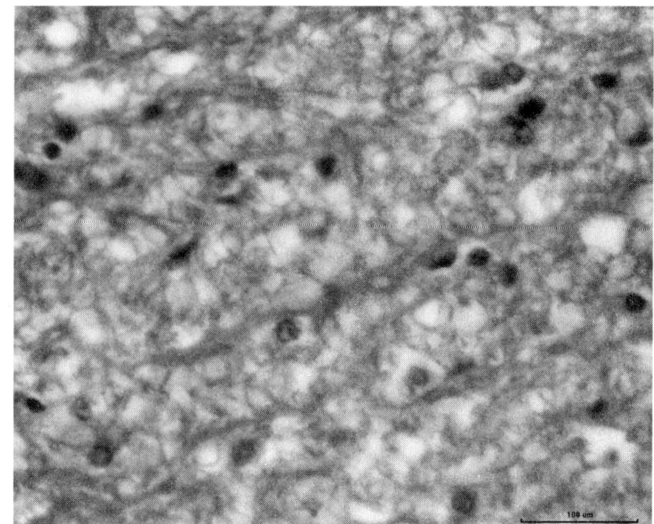

图18-13 NDV感染鸡中脑组织6（HE染色，400倍）

扫码看彩图

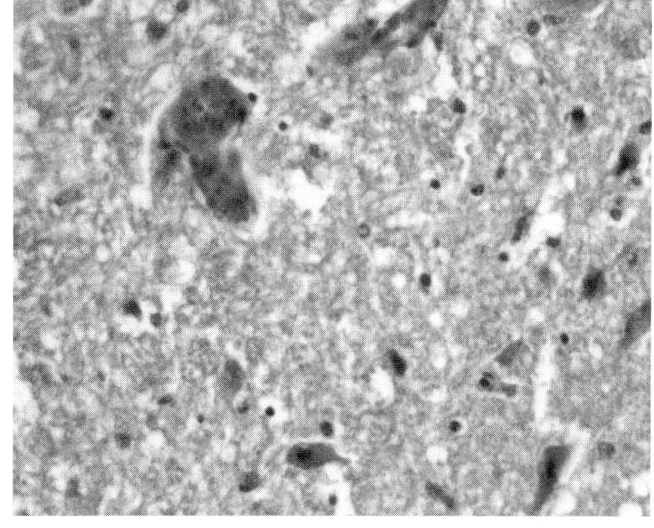

图18-14 NDV感染鸡中脑组织7（HE染色，400倍）

扫码看彩图

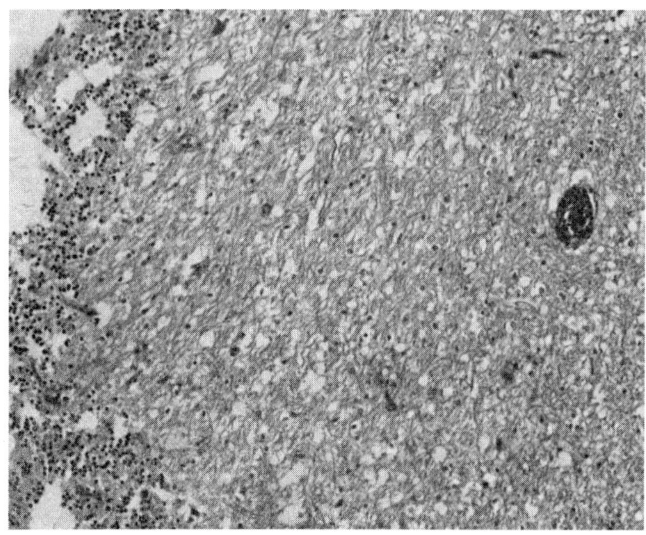

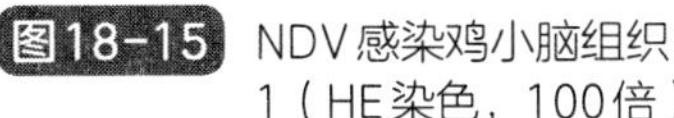

图18-15 NDV感染鸡小脑组织1（HE染色，100倍）

扫码看彩图

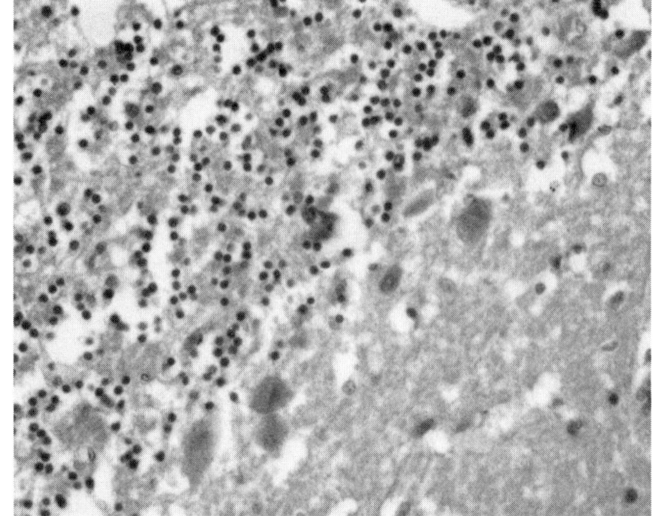

图18-16 NDV感染鸡小脑组织2（HE染色，400倍）

扫码看彩图

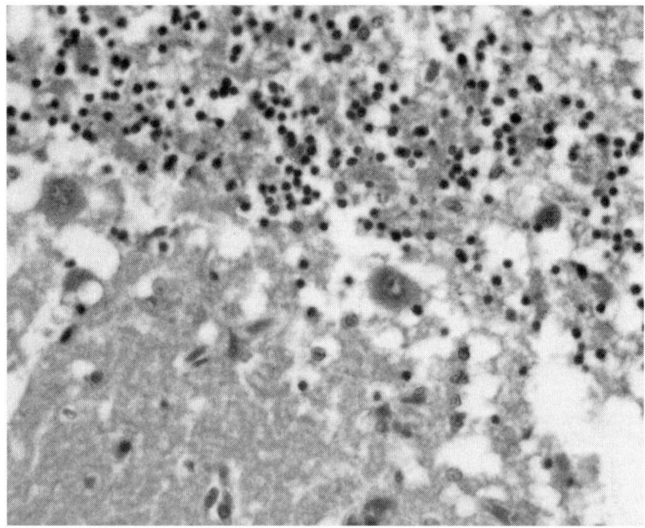

图18-17 NDV感染鸡小脑组织3（HE染色，400倍）

扫码看彩图

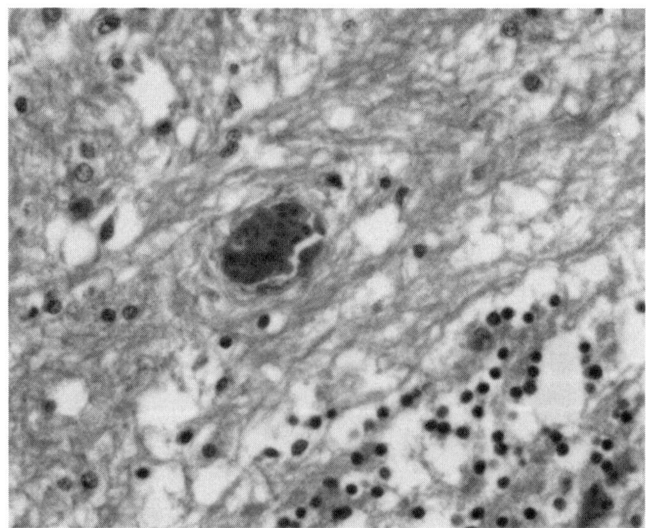

图18-18 NDV感染鸡小脑组织4（HE染色，400倍）

扫码看彩图

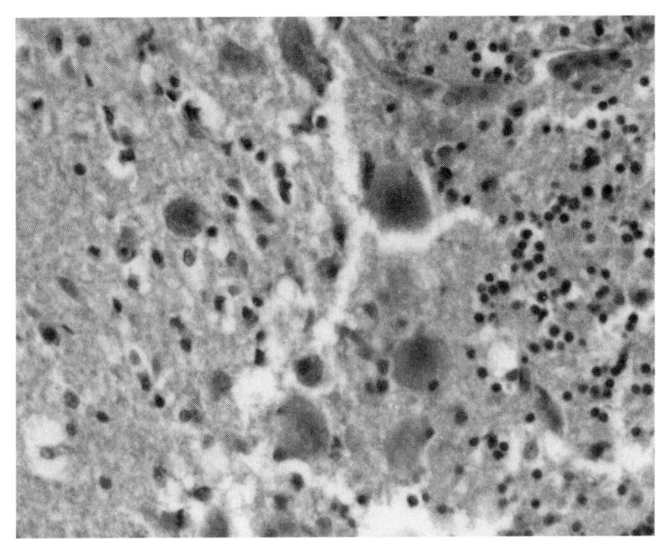

图18-19 NDV感染鸡小脑组织5（HE染色，400倍）

扫码看彩图

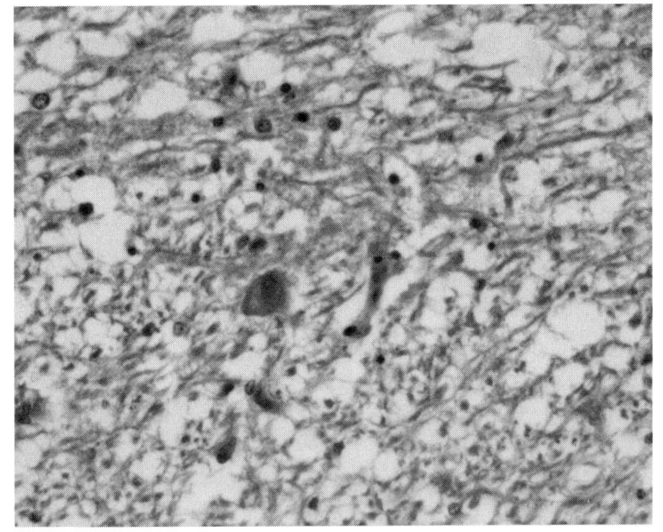

图18-20 NDV感染鸡小脑组织6（HE染色，400倍）

扫码看彩图

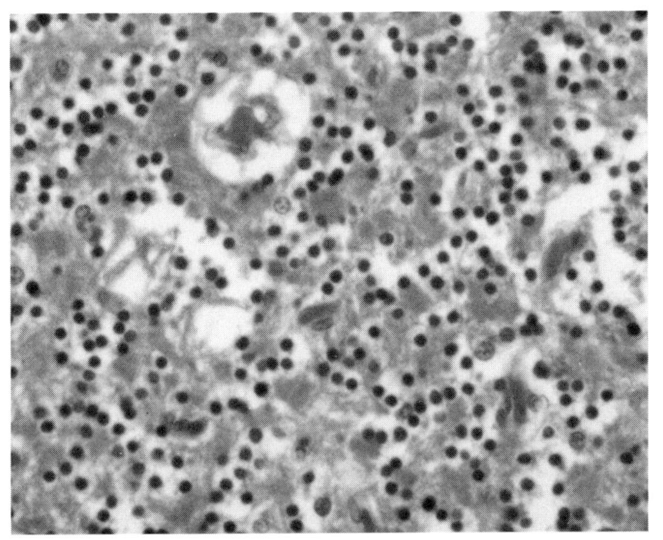

图18-21 NDV感染鸡小脑组织7（HE染色，400倍）

扫码看彩图

四、脑干组织

NDV感染鸡脑干组织内浦肯野细胞变性、尼莫氏小体肿大。有噬浦肯野细胞现象，间质水肿，神经元固缩。多极神经元空泡变性，固缩，出现噬神经现象、噬神经结节现象，毛细血管充血（图18-22～图18-27）。

五、脊髓组织

NDV感染鸡脊髓组织间质水肿、毛细血管扩张充血，神经元细胞有固缩、噬神经现象，毛细血管有弥漫性血管内凝血等病理现象（图18-28～图18-33）。

图18-22　NDV感染鸡脑干组织1（HE染色，100倍）

扫码看彩图

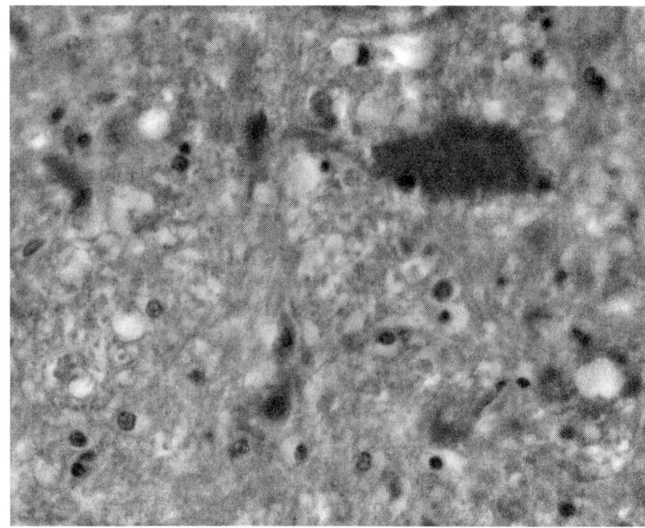

图18-23　NDV感染鸡脑干组织2（HE染色，400倍）

扫码看彩图

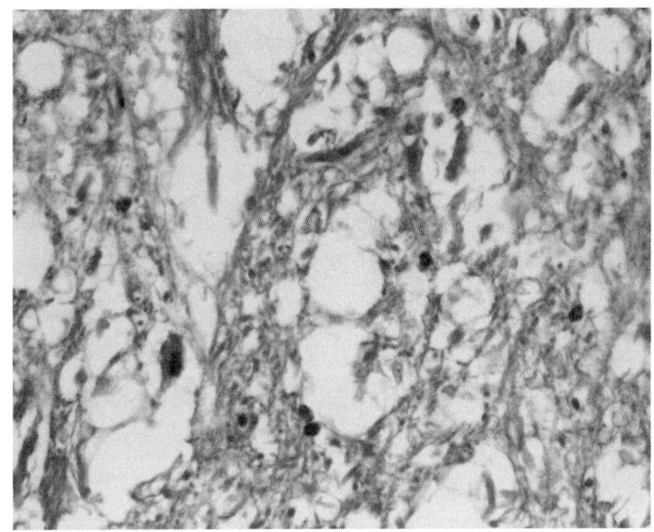

图18-24 NDV感染鸡脑干组织3（HE染色，400倍）

扫码看彩图

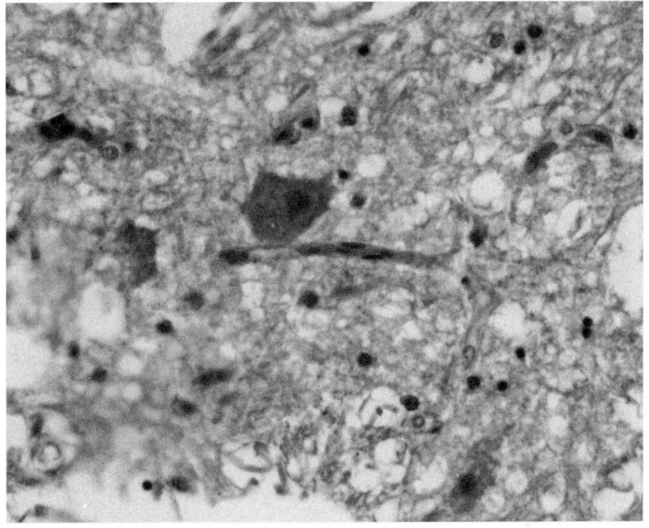

图18-25 NDV感染鸡脑干组织4（HE染色，400倍）

扫码看彩图

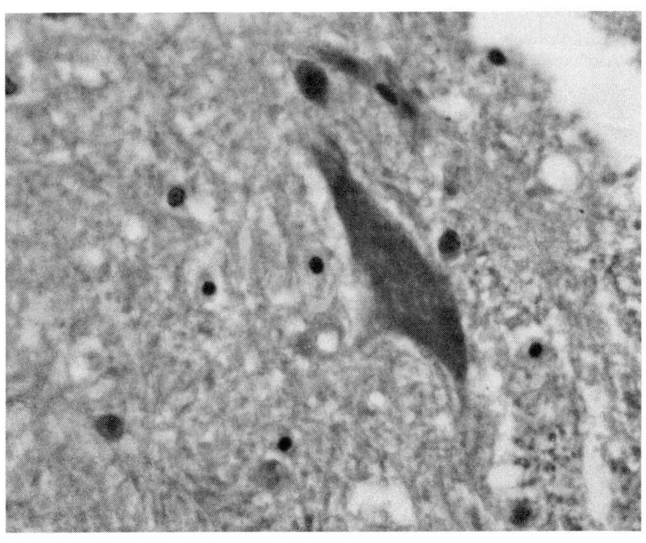

图18-26 NDV感染鸡脑干组织5（HE染色，400倍）

扫码看彩图

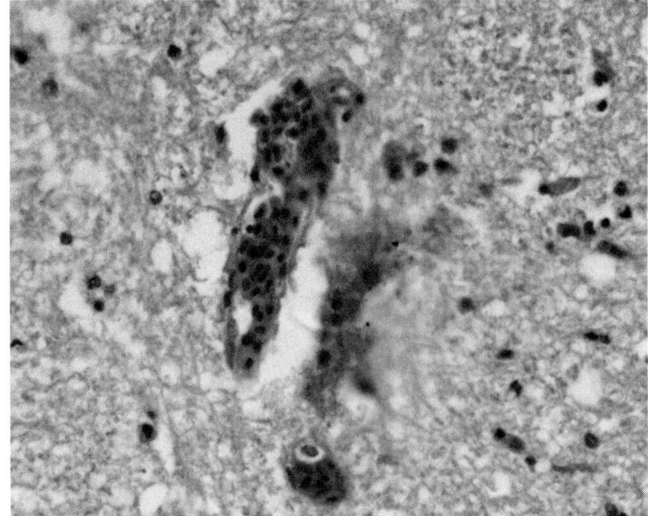

图18-27 NDV感染鸡脑干组织6（HE染色，400倍）

扫码看彩图

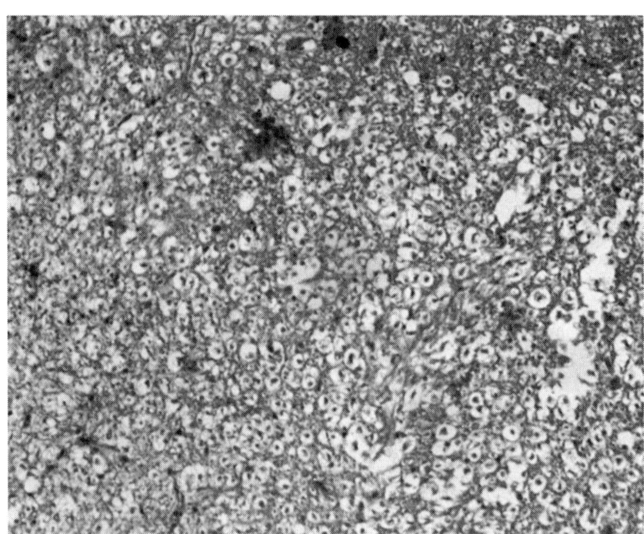

图18-28 NDV感染鸡脊髓组织1（HE染色，100倍）

扫码看彩图

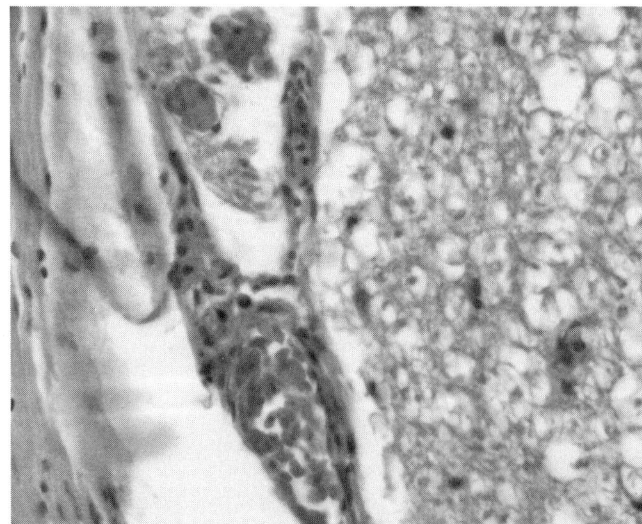

图18-29 NDV感染鸡脊髓组织2（HE染色，400倍）

扫码看彩图

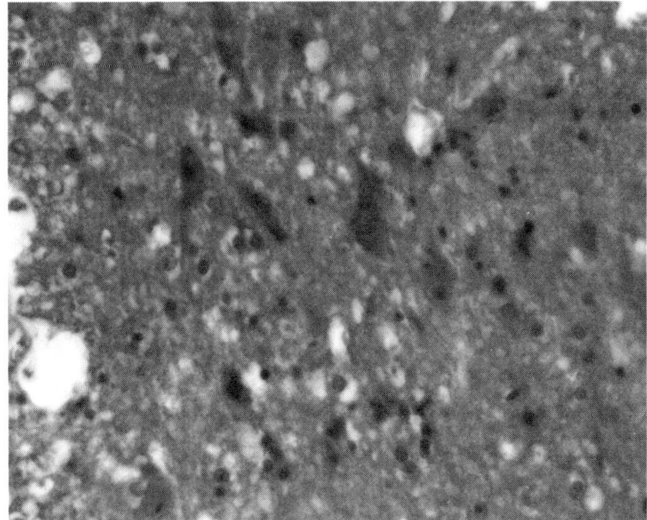

图18-30 NDV感染鸡脊髓组织3（HE染色，400倍）

扫码看彩图

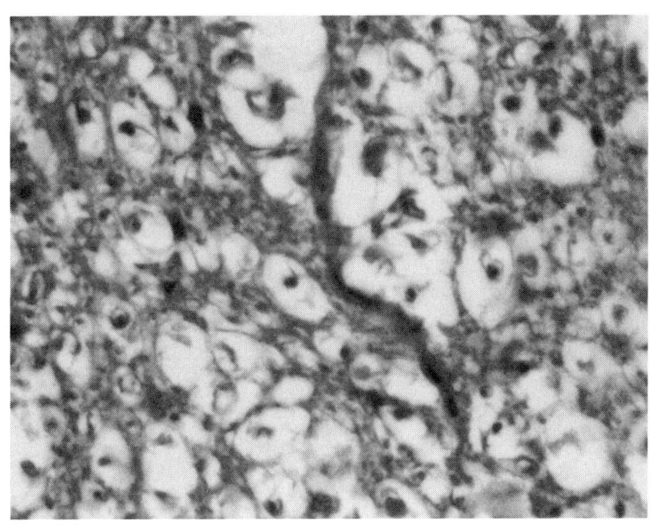

图18-31 NDV感染鸡脊髓组织4（HE染色，400倍）

扫码看彩图

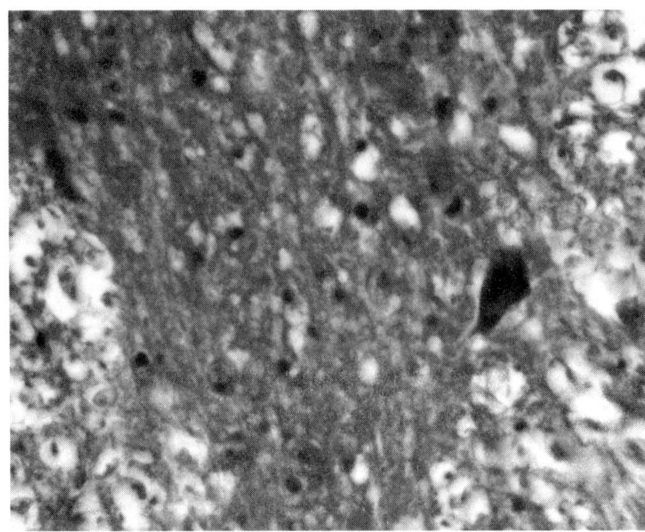

图18-32　NDV感染鸡脊髓组织5（HE染色，400倍）

扫码看彩图

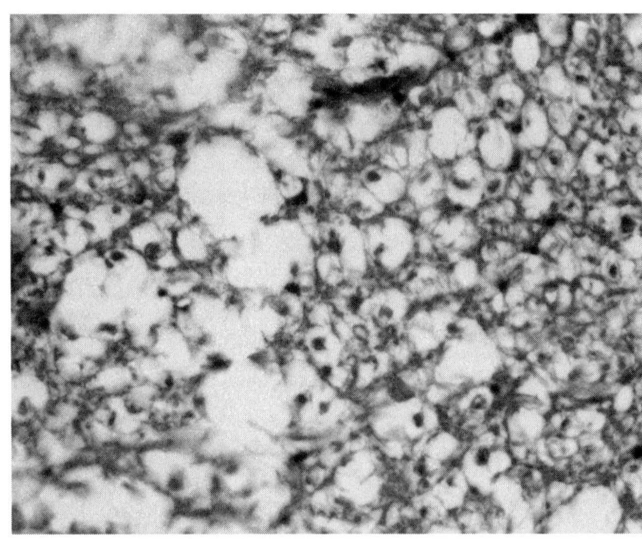

图18-33　NDV感染鸡脊髓组织6（HE染色，400倍）

扫码看彩图

参考文献

[1] 鲍恩东，等. 动物病理学. 北京：中国农业科技出版社，2001.

[2] 陈耀星，等. 兽医组织学彩色图谱. 2版. 北京：中国农业大学出版社，2007.

[3] 马学恩，等. 家畜病理学. 4版. 北京：中国农业出版社，2007.

[4] 陈怀涛，等. 兽医病理学原色图谱. 北京：中国农业出版社，2008.

[5] 李健，等. 鸡解剖组织彩色图谱. 北京：化学工业出版社，2014.

[6] 龙塔，高洪，等. 动物性食品病理学检验. 北京：中国农业出版社，2015.

[7] 刘志军，等. 鹅解剖组织彩色图谱. 北京：化学工业出版社，2017.